KB273322

타인나는
수악주

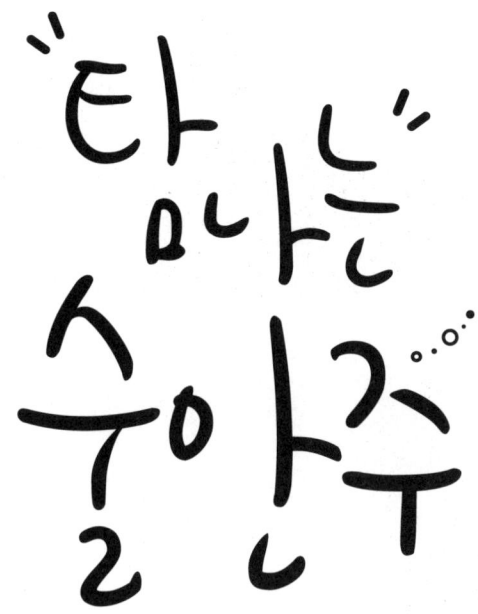

"타오르는" 술안주

간단 안주의 황홀한 유혹

강지수 지음

이덴슬리벨

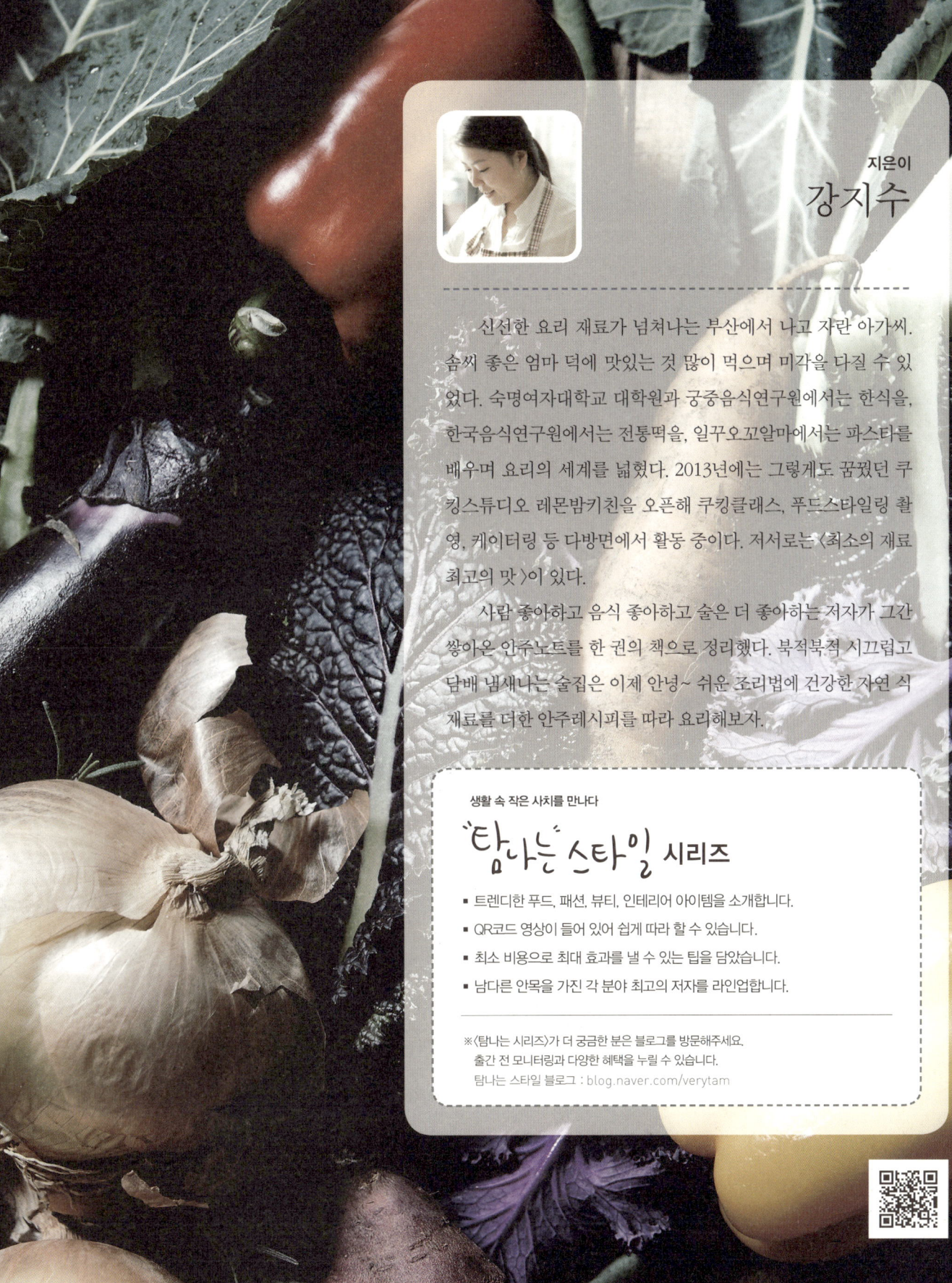

지은이
강지수

신선한 요리 재료가 넘쳐나는 부산에서 나고 자란 아가씨. 솜씨 좋은 엄마 덕에 맛있는 것 많이 먹으며 미각을 다질 수 있었다. 숙명여자대학교 대학원과 궁중음식연구원에서는 한식을, 한국음식연구원에서는 전통떡을, 일꾸오꼬알마에서는 파스타를 배우며 요리의 세계를 넓혔다. 2013년에는 그렇게도 꿈꿨던 쿠킹스튜디오 레몬밤키친을 오픈해 쿠킹클래스, 푸드스타일링 촬영, 케이터링 등 다방면에서 활동 중이다. 저서로는 〈최소의 재료 최고의 맛〉이 있다.

사람 좋아하고 음식 좋아하고 술은 더 좋아하는 저자가 그간 쌓아온 안주노트를 한 권의 책으로 정리했다. 북적북적 시끄럽고 담배 냄새나는 술집은 이제 안녕~ 쉬운 조리법에 건강한 자연 식재료를 더한 안주레시피를 따라 요리해보자.

생활 속 작은 사치를 만나다
"탐나는" 스타일 시리즈

- 트렌디한 푸드, 패션, 뷰티, 인테리어 아이템을 소개합니다.
- QR코드 영상이 들어 있어 쉽게 따라 할 수 있습니다.
- 최소 비용으로 최대 효과를 낼 수 있는 팁을 담았습니다.
- 남다른 안목을 가진 각 분야 최고의 저자를 라인업합니다.

※〈탐나는 시리즈〉가 더 궁금한 분은 블로그를 방문해주세요.
출간 전 모니터링과 다양한 혜택을 누릴 수 있습니다.
탐나는 스타일 블로그 · blog.naver.com/verytam

Prologue

술만 드시지 마세요, 안주도 한잔 하세요

돌이켜보면 술은 언제나 제 곁에 있었습니다.

대학 합격 소식을 들은 날 저녁 밥상에, 설렘을 한껏 안고 떠난 엠티 자리에, 가슴 아픈 첫사랑과의 이별 순간에, 사회에 첫발을 내딛고 받은 상처들을 토해 내던 그날 밤에, 늘 꿈꿔 오던 쿠킹 스튜디오를 오픈하고 지인들을 초대한 어느 가을날에도….

술은 함께였습니다. 술은 즐겁고, 화끈하고, 외롭고, 슬프고, 또 아프기도 하죠.

저에게 술은 그렇게 크게 웃을 일이 아닌데도 박장대소하게 하고, 쓸데없이 솔직해져서는 후회할 일을 만들게도 하고, 한잔 두잔 벌겋게 달아오른 얼굴만큼이나 후끈 달아오른 공간 속에서 눈물 콧물 뽑아내며 김치찌개에 머리카락을 담그게도 하는 그런 존재입니다. 이 책을 펼쳐보는 분이라면 누구나 술에 얽힌 에피소드 하나둘쯤 있으실 거예요. 저는 전공이 식품영양학이기도 했지만 워낙 음식 만들어 먹이는 걸 좋아한지라 엠티, 농활, 오리엔테이션이 있으면 늘 밥과 안주 담당이어서 '밥순이'로 불리기도 했습니다. 가끔은 집에서 큰 밀폐용기에 밥, 반찬, 김치까지 싸와서 학교에서 노숙하던 선배들을 대접하기도 했는데 지금 생각해 보면 대학시절 기억의 절반은 술과 함께였던 것 같습니다. 기쁜 일도, 슬픈 일도 언제나 술이 함께였고 그 시간들 속에서 친구처럼 위로받을 수 있었습니다. 술은 그렇게 단순히 마시고 취하는 것을 뛰어넘어 모든 사람에게 음식, 음료 그 이상의 수많은 의미인 듯합니다.

사랑하는 사람에게 줄 수 있는 최고의 선물은 '시간을 함께 보내는 것'이라고 하죠. 가족, 친구, 연인 등 좋은 사람들과 나누는 밥 한 끼, 술 한잔은 인생을 더욱 풍성하고 행복하게 합니다. 저는 음식을 함께 만들어 먹고 이야기를 나누는 시간이 무척 좋습니다. 음식을 나누는 일은 딱딱하던 분위기를 금세 부드럽게 만드니 말이죠.

재료를 손질하고 완성하는 요리 과정은 마치 인생과도 같습니다. 때문에 음식을 만들고 나면 마음이 확 풀어지기도 하나 봅니다. 칼질하고 뜨거운 불에 재료를 익히고 양념하는 동안 치유되는 것을 느끼곤 하니까요. 저는 이 책을 보시는 분들이 모든 걸 혼자서 해 내려고 하기보다는 사랑하는 가족, 친구, 연인과 같이 요리하면서 그 속에서 행복을 느끼고 격려 받고 사랑했으면 하는 바람입니다.

《탐나는 술안주》에는 한국인이 가장 즐겨 마시는 소주, 맥주, 막걸리, 와인에 어울리는 요리들을 고루 담았습니다. 무엇보다 익숙한 식재료와 쉬운 조리법으로 요리에 대한 부담감을 덜었습니다. 술과 술안주 한잔씩 하면서 편안한 시간을 즐기세요.

계동 스튜디오에서 강지수

Contents

chapter 1 친구들과 한잔

chapter 2 가족들과 한잔

chapter 5 나만을 위한 한잔

chip & dip

탐나는 술안주를 소개합니다

상황별로 활용하기 좋은 안주들을 모았습니다.

친구, 가족, 연인, 손님을 위한 한잔 그리고 나만을 위한 한잔으로 나누고 가장 어울리는 안주들을 꼽았습니다. 상황에 맞는 안주들로 구성했지만 너무 구애받지는 마시고 좋아하는 식재료, 함께하는 사람들의 식성에 맞게 선택하여 안주를 구성해도 됩니다.

각 안주에 어울리는 술을 표기하였습니다.

메뉴별로 잘 어울리는 술을 제안했습니다. 안주 궁합이 맞으면 술이 더욱 맛있어지니 참고하세요.

만들기는 간단하지만 스페셜한 메뉴입니다.

지인에게 대접할 때는 풍성하고 예쁜 음식이 좋잖아요. 하지만 만들기는 쉬운 요리! 이 책에는 조리는 쉽지만 특별한 메뉴를 담았습니다. 시장에서 쉽게 구할 수 있는 재료들, 집에 늘 가지고 있는 도구로 만들 수 있습니다. 몇 개의 메뉴를 제외하고는 조리시간도 30분 내외로, 요리하다가 힘 빠지지 않도록 쉽고 빠르게 만들 수 있는 메뉴들로 구성했습니다.

한눈에 볼 수 있도록 레시피와 동일한 분량의 재료 이미지를 담았습니다.

요리책 작업은 늘 계량이 고민됩니다. 요리 전문가야 늘 레시피를 꿰고 있고 저울이 있지만 가정에는 저울이 없을 수 있으니까요. 그래서 모든 메뉴에 레시피와 동일한 분량의 재료 사진을 첨부했습니다. 재료 사진만 봐도 눈대중으로 대략 양을 가늠해 손쉽게 요리할 수 있어요.

QR코드 영상을 통해 쉽게 따라 할 수 있습니다.

글만으로는 전달할 수 없는 저만의 숨은 요리 비법을 QR코드 속 영상에 담았습니다. 영상을 보고 따라 하면서 요리 실력을 쌓아 보세요.

탐나는 술안주의 계량 방법

계량 방법 – 밥숟가락, 종이컵 계량

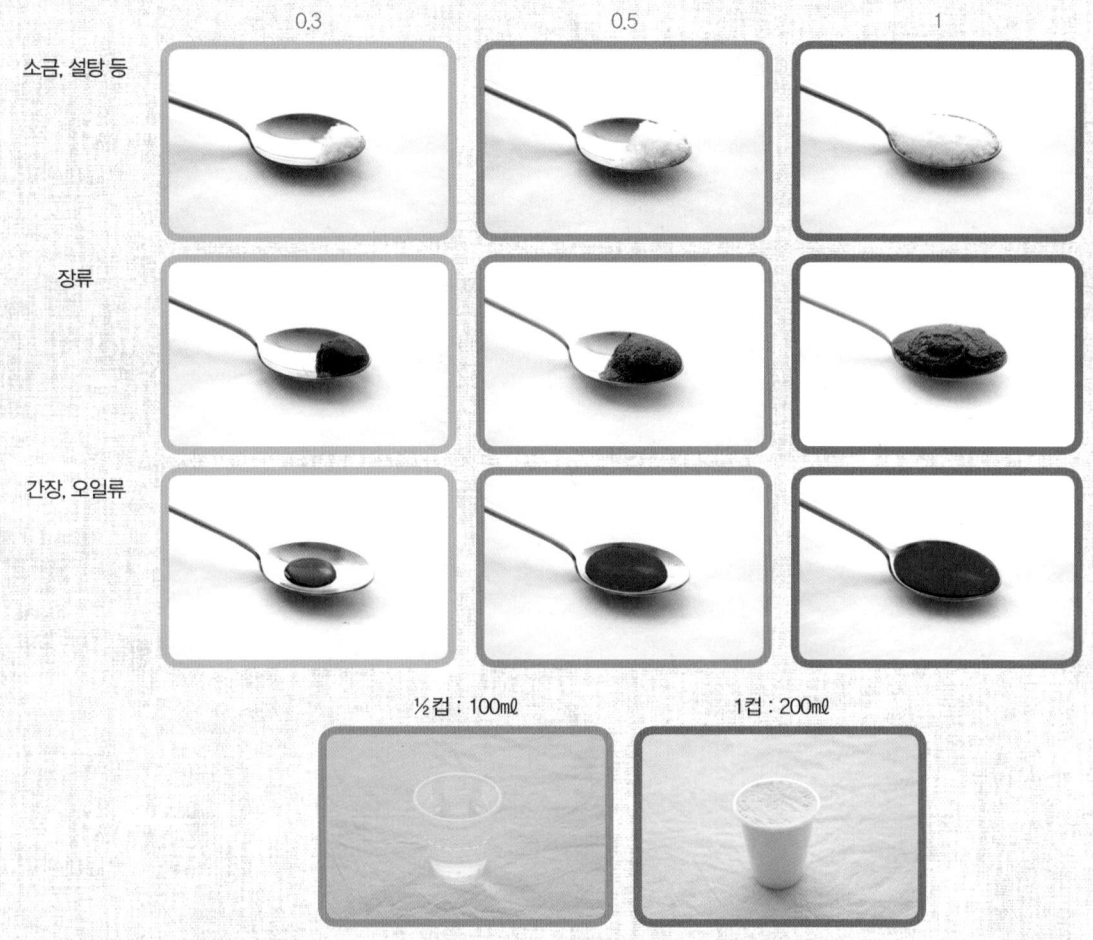

어머니는 요리를 하실 때 계량을 하지 않고도 척척 만들어 내셨고 그걸 보며 자라온 저도 '요리는 감'이라며 제 육감 만 믿고 요리를 해 왔어요. 그러다 보니 만들 때마다 맛이 달라져 당혹스러울 때도 있었죠. 어떤 날 음식이 정말 잘 돼서 맛있게 먹은 적이 있는데 다 먹은 후에 '아, 다음엔 이렇게 똑같은 맛을 내기 힘들겠다. 메모 좀 해 둘걸' 싶더 라고요. 게다가 요리 수업을 시작하면서 늘 감으로 해 오던 요리를 '계량화' 하는 작업이 필요했어요. 아직도 익숙하 진 않지만 지금은 가급적 요리할 때 메모지와 펜을 옆에 두고 '기록'하면서 한답니다. 초기에는 계량스푼, 계량컵을 이용했는데 수업을 듣는 분들의 집에 대부분 계량스푼이 없더라고요. 그래서 이 책에 소개된 레시피는 모두 밥숟가 락, 종이컵 계량입니다. 숟가락 앞쪽에 엄지손톱만큼 담으면 0.3, 절반은 0.5, 숟가락에 수북이 담으면 1입니다. 종 이컵은 가득 채우면 200㎖ 한 컵이 됩니다.

술이 더 맛있어지는 지수만의 비법

술은 원료, 만드는 방법에 따라 종류가 매우 다양합니다. 맛, 향, 도수에 따라 마시는 법도 제각각입니다. 가장 맛있는 온도와 안주 궁합이 따로 있지요. 대중적인 술인 소주, 맥주, 막걸리, 와인을 최고의 맛으로 즐길 수 있도록 팁을 공개합니다.

소주 soju/ Korean distilled spirits

지금의 소주는 우리 조상들이 마셨던 증류식 순곡주와는 다르게 고구마, 타피오카, 당밀 등을 원료로 만든 주정에 물과 감미료를 섞어 희석시킨 것입니다.

요즘은 순한 술을 선호하는 소비자 기호에 맞춰 알코올 도수를 15~21%로 낮춘 제품들이 많이 나오고 있습니다. 한 조사에 따르면 대한민국 국민의 65%는 '술' 하면 소주를 제일 먼저 떠올린다고 답했고 전체의 47.2%는 고민상담할 때 소주를 마신다고 답했습니다. 소주는 국민 술이라고 해도 무방할 정도입니다.

소주가 가장 맛있는 온도는 8~10℃. 시원함과 함께 쓴맛, 단맛, 톡 쏘는 맛을 가장 잘 느낄 수 있습니다. 소주를 너무 차갑게 마시면 혀의 감각을 무디게 만들어 맛을 음미하기 어렵고 온도가 너무 높으면 알코올 향이 강해집니다. 소주와 맥주를 섞어 마실 때, 소주 1에 맥주 4의 비율로 섞으면 부드러우면서 마시기 편하고, 소주 1에 맥주 3의 비율로 섞어 마시면 소주와 맥주의 맛이 가장 잘 어울리는 황금 비율이 됩니다.

소주는 과일이나 채소로 비타민과 수분을 보충하거나 콩나물국, 조개탕처럼 맑은 국이나 탕류와 함께 마시는 것이 다음 날 숙취 해소에 도움이 됩니다. 신선한 활어회도 건강하고 매력적인 조합입니다.

맥주 beer

전 세계에 2만여 종의 다양한 맥주가 있습니다. 몇 년 전부터 수입 맥주의 비중이 커지면서 대형마트에서도 세계의 맥주를 입맛대로 고를 수 있게 됐습니다.

맥주는 발효 방식에 따라 에일(상면발효)과 라거(하면발효)로 나뉩니다. 에일은 라거에 비해 알코올 함량이 높고 붉은색을 띱니다. 향긋함, 묵직함, 상대적으로 적은 탄산, 쓴맛과 부드러움을 동시에 가지고 있고 대체로 맛과 향이 강해 샐러드, 구이는 물론 튀김처럼 기름진 음식과도 잘 어울립니다.

라거는 황금빛을 띠고 씁쓸한 호프 맛과 시원한 청량감이 특징입니다. 최근 들어 맥주가 다양해졌지만 그전에는 국내에서 판매되는 대부분은 라거였답니다. 맥아 향이 강하고 뒷맛이 깔끔하면서 담백해 생선요리나 해산물, 샐러드, 나초와 함께 즐기면 좋답니다.

볶은 맥아로 만드는 흑맥주는 흑색에 가까운 갈색을 띠며 홉을 많이 넣어 맛이 텁텁하고 향이 강한 게 특징입니다. 특히 굴이나 홍합, 조개요리에 잘 어울리고 스테이크, 바비큐도 궁합이 좋습니다.

맥주의 맛을 좌우하는 가장 중요한 요소는 '신선함'. 글라스가 됐든 캔이 됐든 맥주를 마실 때는 한 잔에 절대 15분을 넘기면 안 됩니다. 맥주가 가장 맛있는 온도는 5~7℃. 시간이 지나 미지근해지고 탄산이 날아간 맥주는 이미 죽은 맥주나 다름없습니다.

맥주의 거품은 뚜껑 역할을 하기 때문에 탄산이 날아가거나 미지근해지는 걸 방지하는 효과가 있습니다. 입자가 작고 균일한 거품이 컵 높이의 20%가량 남아 있게 마시는 것이 좋습니다.

맥주는 특유의 청량감과 상쾌함 때문에 주로 기름진 음식을 안주로 먹는데 실제로는 단맛이 적은 채소와 과일로 만든 샐러드, 샌드위치, 채소구이, 해산물 요리 등과 잘 어울립니다.

막걸리 makgeolli/ raw rice wine

막걸리는 찹쌀, 멥쌀, 보리, 밀가루 등을 찐 다음 수분을 날려 고두밥을 만들고 여기에 누룩과 물을 섞어 일정한 온도에서 발효시켜 걸러낸 곡주입니다. 막걸리는 말 그대로 '막 걸러냈다' 해서 막걸리라는 이름이 붙여졌습니다.

단맛, 쓴맛, 신맛, 떫은맛, 감칠맛, 구수한 맛, 청량한 맛 등 막걸리의 맛을 결정하는 것은 주재료인 쌀과 누룩, 물입니다. 곡주인 만큼 찹쌀, 멥쌀, 현미, 밀, 옥수수 등 어떤 원료를 사용했느냐에 따라 맛이 달라지고 누룩에 따라서도 맛과 향이 달라집니다. 최근에는 막걸리에 다른 재료를 섞어 칵테일로 마시는 등 종류별로 다양하게 맛볼 수 있는 술집도 많이 생겼습니다.

막걸리는 술이자 건강식품이라고도 할 수 있습니다. 80%를 차지하는 물을 제외하고 알코올 5~7%, 단백질 2%, 탄수화물 0.8%, 지방 0.1%, 그 외 식이섬유와 비타민, 유산균, 효모 등 영양이 풍부한 음료이죠. 막걸리 한 사발에는 식이섬유 음료보다 적게는 100배에서 많게는 1000배 이상 많은 식이섬유가 들어 있다고 합니다. 식이섬유는 대장 운동을 활발하게 해 변비 및 심혈관계 질환을 예방하는 데 도움을 줍니다. 또한 막걸리 1㎖에 든 유산균은 희석시키지 않은 생막걸리의 경우, 수백만~일억 마리라고 하니 적당히 마시면 유산균 섭취에도 좋습니다. 막걸리는 단백질과 비타민이 풍부한 콩, 두부, 해산물로 만든 안주를 곁들이면 좋고 의외로 치즈, 베이컨, 하몽, 앤초비와 같이 서양 발효식품과도 잘 어울립니다.

막걸리의 청량감을 제대로 즐길 수 있는 온도는 5~10℃. 생막걸리는 공장에서 출고한 후에도 계속 발효가 진행되면서 맛이 변하기 때문에 유통기한을 꼭 확인하세요. 일반적으로는 생산일로부터 1~2일 지난 막걸리가 맛과 향이 제일 좋답니다. 생막걸리의 유통기한은 10℃ 냉장유통에서 10일 정도이며 살균막걸리는 6개월에서 1년 정도입니다.

와인 wine

마치 예술작품처럼 가까이하기 어렵던 예전과 달리 최근에는 많은 사람들이 다양한 와인을 즐깁니다. 와인을 식사에 곁들여 마시는 술로, 우리의 반주처럼 생각하면 좀 더 편안하게 다가갈 수 있습니다. 와인과 안주의 궁합은 생선요리에는 화이트와인, 육류에는 레드와인이 어울린다는 공식이 있습니다. 화이트와인의 산미가 생선의 맛과 잘 조화되고 레드와인의 타닌이 육류의 기름기와 느끼함을 잘 조절해 주기 때문인데 이건 개인의 기호나 취향에 따라 달라질 수 있습니다. 마치 갓 담은 생김치를 좋아하는 사람과 적당하게 잘 익은 신김치를 좋아하는 사람의 차이와도 같지요.

와인을 맛있게 마실 수 있는 온도는 보통 화이트와인은 10~15℃, 레드와인은 15~20℃, 샴페인은 10℃ 안팎입니다.

와인과 환상의 조화를 이루는 치즈는 화이트와인이나 샴페인이라면 브리나 카망베르, 모차렐라가 잘 어울리고 레드와인이라면 훈제치즈 혹은 보포르치즈가 좋고 파르미지아노, 그라나 파다노 같은 경질치즈도 무난하게 잘 어울립니다.

숙취를 풀어 주는 요리 재료

술자리에서 기분에 취해 과음을 하게 되는 경우가 종종 있죠. 매슥거리는 속과 깨질 듯한 두통 속에 아침을 맞이하고 싶지 않다면 술과 함께 곁들이는 안주에 신경을 써 보세요. 이뇨작용을 자극해 주독을 빼고 숙취 예방과 해소에 도움이 되는 식재료를 소개합니다.

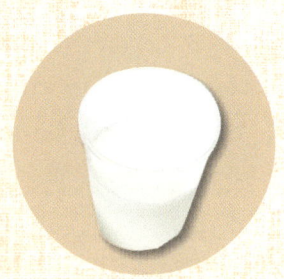

1 우유, 두유
술자리 전에 우유나 두유를 한잔 마십니다. 우유의 풍부한 단백질과 유지방이 위의 점막을 코팅해 위벽을 보호하고 알코올의 흡수를 방해합니다. 특히 초코우유에는 카테킨, 흑당, 타우린이 들어 있어 숙취 해소에 빠른 도움을 줍니다.

2 달걀
숙취의 원인이 되는 아세트알데히드를 분해하는 시스테인, 간의 해독작용을 돕는 레시틴 성분이 풍부하게 들어 있고 비타민 B와 미네랄 보충에도 좋아요.

3 아스파라거스
아스파라긴산을 콩나물의 3배 이상 함유하고 있어 숙취를 막아 주는 대표적인 식재료입니다.

4 조개류 : 굴, 홍합, 바지락, 꼬막
중국 청나라의 본초학서인 《본초강목습유》에서는 '굴은 삶아 먹으면 허손을 보하므로 보약이 된다. 생으로 먹으면 술 마신 후의 번열과 갈증을 없애 주독을 풀어 준다'고 하였고 '조갯살은 음액(신체 내의 영양이 풍부한 모든 액체)을 보충하고 이뇨효과가 있어 삶아 먹으면 술을 깨게 한다'고 적혀 있습니다. 굴과 조갯살로 끓인 육수로 국을 끓이거나 죽을 쑤어 먹으면 맛

이 시원하고 숙취 예방이나 해소에도 좋습니다. 꼬막은 유일하게 고농도의 혈액성분을 가지고 있는 어패류입니다. 헤모글로빈, 단백질, 비타민, 철분 등을 함유하고 있고 아미노산이 풍부해 피로회복에 탁월하며 간의 독성을 해독합니다. 벌교 사람들은 참꼬막에 술을 마시면 아무리 마셔도 취하지 않는다고 말할 정도죠. 바지락은 철분 함량이 굴의 3배나 되고 간에 좋은 베타인과 타우린이 풍부해 숙취 해소에도 좋지만 평소 간 건강에도 도움이 됩니다.

5 채소 : 오이, 무, 토마토, 연근, 콩나물

수분과 식이섬유가 많은 채소, 과일을 안주로 먹으면 수분이 알코올을 희석해 도수를 낮춰 주고 식이섬유는 수분을 머금으면 부피가 커져 점막을 보호하는 일종의 방어막 역할을 합니다. 오이와 무는 숙취로 인한 갈증과 두통 해소는 물론 부종을 없애고 노폐물을 배출하는 효과가 탁월합니다. 토마토는 이탈리아인들의 대표적인 해장 식재료입니다. 다량 함유된 구연산이 위장 활동을 촉진해 숙취 해소를 돕습니다. 연근에는 비타민 C가 풍부해 피로회복을 풀고 혈액순환을 활발히 해서 체내 독소를 빼 줍니다. 콩나물은 아스파라긴산이 알코올을 분해하고 맑은 국으로 먹으면 뜨거운 수분을 충분히 섭취할 수 있어 좋습니다.

6 물, 차

술 마신 다음 날 숙취 해소에 가장 좋은 것은 다름 아닌 '차'. 수분 섭취는 알코올 분해를 촉진하는 가장 효과적인 방법입니다. 맹물을 마시기 어렵다면 레몬즙이나 소금을 약간 넣어 마셔 보세요. 특히 소금을 넣으면 알칼리성인 소금물이 위 속에 남아 있는 산성 알코올을 중화합니다. 녹차나 우롱차는 이뇨작용을 자극해 소변을 통해 알코올을 배출하는 데 도움을 주며 구기자차는 콜레스테롤을 낮추고 간에 지방이 쌓이는 것을 억제해 다이어트에도 좋습니다. 녹차의 카테킨 성분은 몸의 독성 산화 물질을 제거해 주는 항산화 효과가 비타민 C의 100배 정도 높은 것으로 알려져 있어 해독에 탁월합니다. 말린 감잎차에는 타닌이 많이 함유되어 있어 위를 보호하고 숙취 해소에 좋답니다.

chapter 1

친구들과
한잔

난이도
Easy

조리시간
20min

어울리는 술

맥주 ★★★★★
스파클링 와인 ★★★★★

콥샐러드

— cobb salad —

미국 LA의 레스토랑 브라운 더비에서 늦은 밤 찾아온 손님을 위해 냉장고에 있는 재료들로
즉석에서 만든 샐러드를 사장 로버트 코브의 이름을 따서 콥샐러드라고 했답니다. 애매하게
남은 과일이나 통조림 제품들을 이용해보세요. 재료가 다양해서 만들기 번거로울 것 같지만
원칙은 하나예요. 전부 비슷한 크기와 모양으로 썰어주시고 양상추나 로메인, 상추 등 잎채소
를 기본으로 풍성하게 담아주시면 돼요.

QR코드를 찍으면
만들기 동영상

양상추   아보카도   적파프리카   달걀   홀스래디시소스

베이컨   방울토마토

Shopping List

재료 버터레터스 또는 양상추나 로메인 65g, 적파프리카 1개, 방울토마토 10개, 베이컨 60g,

아보카도 1개, 삶은 달걀 2개

허니머스터드드레싱 마요네즈 4, 머스터드 2.5, 올리고당 2.5, 레몬즙 0.5, 홀스래디시소스 0.5

How to make

❶ 양상추는 흐르는 물에 깨끗이 씻어 채 썬다.

❷ 적파프리카는 깨끗이 씻은 후 사방 0.5cm크기로 썰고 방울토마토는 둥근 모양을 살려 동그랗게, 삶은 달걀은 4등분한다.

❸ 아보카도는 씨를 따라 길게 칼집을 넣고 좌우로 살짝 비틀어 2등분한 다음 씨를 빼낸다.
　　껍질과 과육 사이에 숟가락을 넣고 과육만 분리해서 방울토마토와 같은 크기로 썬다.

❹ 달군 팬에 작게 자른 베이컨을 바삭하게 구운 후 키친타월에 올려 기름을 제거한다.

❺ 허니머스터드드레싱 재료를 모두 넣고 골고루 섞어 드레싱을 만든다.

❻ 넓은 그릇에 색을 맞춰 재료를 담은 후 허니머스터드드레싱을 곁들인다.

cobb salad

Tip

콥샐러드는 기호에 따라 들어가는 재료를 다양하게 바꿀 수 있어요. 입맛에 맞는 재료로 다양하게 즐겨
보세요. 허니머스터드드레싱을 만들기 번거로울 땐 시판 제품을 사용하세요. 드레싱 만들 때 들어가는 홀스
래디시소스는 백화점이나 대형마트에서 구입할 수 있어요.

난이도
Normal

조리시간
60 min
마리네이드 시간 포함

어울리는 술
레드와인 ★★★★★
맥주 ★★★★

시즈닝 스테이크와 김치버터

seasoning steak & kimchi butter

무쇠팬과 철팬을 만나면서부터 집에서도 고급 레스토랑 못지않은 스테이크 맛을 낼 수 있다는 사실에 너무나 행복했답니다.

스테이크용 쇠고기는 2~3cm의 두께가 적당해요. 그리고 팬에 굽기 전에 냉장고에서 꺼내 실온과 비슷한 온도가 되도록 하는 것이 중요한데, 이 과정을 거치지 않으면 두꺼운 고기 속까지 열이 닿지 않아 겉은 뜨겁고 속은 차가운 스테이크를 먹게 될 수도 있어요.

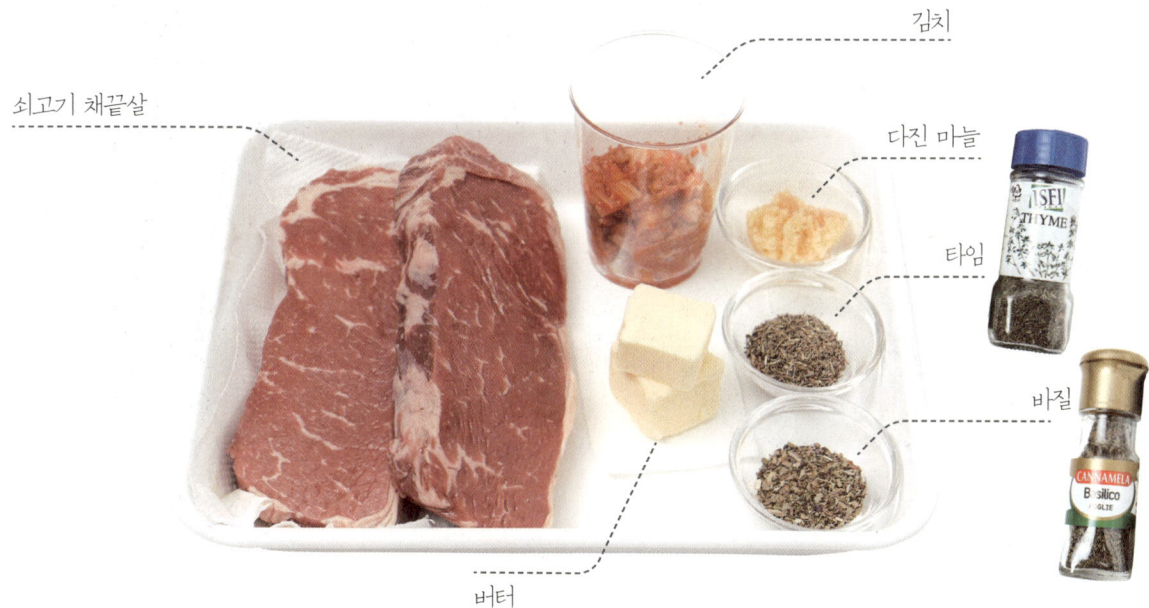

김치

다진 마늘

타임

바질

쇠고기 채끝살

버터

Shopping List

재료 쇠고기 채끝살 2덩이(약 600g), 올리브오일 4, 말린 바질 1, 타임 1, 다진 마늘 0.5, 소금 0.3,

후춧가루 · 넛맥 약간씩, 로즈마리 · 타임 3줄기씩(없으면 생략)

김치버터 가염버터 40g, 잘게 다진 김치 2

How to make

❶ 실온에 두어 말랑말랑해진 버터를 포크로 으깨어 마요네즈처럼 부드럽게 푼다. 여기에 잘게 다진 김치를 넣어 잘 섞는다.

❷ 랩을 넓게 깐 다음 ❶의 김치버터를 올려놓고 둥근 막대 모양으로 말아 끝부분을 잘 감싼 후 냉동고에서 40분 정도 굳힌다.

❸ 쇠고기 채끝살은 올리브오일, 말린 바질, 타임, 다진 마늘, 소금, 후춧가루, 넛맥을 넣어 마사지하듯 살살 버무린 다음 지퍼백에 담거나 접시에 올려 랩을 씌운 후 40분간 재운다.

❹ 뜨겁게 달군 팬에 고기를 앞뒤로 약 4분씩 구운 다음 살짝 굳은 김치버터를 잘라서 곁들여 낸다.

Tip

고기를 굽는 시간은 두께에 따라, 선호하는 익힘 정도에 따라 달라질 수 있어요. 고기 두께가 2.5㎝ 정도일 때 앞뒤로 4분씩 구우면 미디엄레어로 익어요.

김치버터는 버터를 꼭 실온에 두어 말랑말랑한 상태에서 만들어야 김치와 잘 섞일 수 있으니 유의하세요.

스테이크를 구운 후엔 식힘망에 올려 2분간 그대로 두고 그사이 스테이크를 담을 접시를 전자레인지나 오븐에서 따뜻하게 데운 후 고기를 담으세요. 식힘망에 두는 동안 스테이크의 육즙이 골고루 퍼져 더 맛있게 먹을 수 있어요.

난이도
Easy

조리시간
20 min

어울리는 술
맥주 ★★★★★
막걸리 ★★★★

게소아게와 레몬간장

squid fried dish & lemon soy sauce

몸과 마음이 지칠 대로 지쳐서 세상모를 깊은 잠이 필요할 때, 축하할 일이 있을 때, 큰 프로
젝트를 무사히 마치고 건배를 나누고 싶을 때 즐겨 찾는 술집이 있어요. 그곳에서 가장 자주
주문하는 메뉴가 '게소아게'라는 오징어다리튀김이에요.
오징어 다리를 양념해서 튀겨 내기 때문에 그냥 먹어도 간이 잘 맞지만 향 좋은 레몬을 넣은
간장에 찍어 먹으면 상큼해서 가벼운 맥주 안주로 그만이에요.

레몬

오징어 다리

Shopping List

재료 오징어 다리 2마리 분량, 간장 0.5, 맛술 1, 후춧가루 약간

튀김옷 전분 2, 튀김가루 2

레몬간장 간장 0.5, 식초 0.5, 설탕 0.5, 맛술 0.5, 모양을 살려 썬 레몬 1조각 혹은 레몬즙 0.5

How to make

❶ 오징어 다리는 흐르는 물에 깨끗이 씻어 물기를 제거한 후 다리를 하나씩 잘라낸다.

❷ 볼에 자른 오징어 다리를 넣고 간장, 맛술, 후춧가루로 양념하여 간이 쏙 배도록 충분히 버무린다.

❸ 위생 비닐에 전분과 튀김가루를 넣고 고루 섞이도록 흔든 후 양념한 오징어 다리를 넣는다.
　비닐봉지 입구를 잡고 흔들어 오징어 다리에 가루를 골고루 묻힌다.

❹ 170℃로 달군 튀김기름에 ❸의 오징어 다리를 넣고 노릇하게 튀긴다.

❺ 레몬을 다져 넣어 만든 레몬간장을 곁들여 낸다.

squid fried dish &
lemon soy sauce

Tip

양념한 오징어 다리를 튀김가루가 든 위생 비닐에 넣을 때 남은 양념까지 쏟아 붓지 말고 다리만 집어서 넣으세요. 튀김옷이 제대로 묻지 않으면 튀길 때 기름이 사방으로 튈 수 있어요. 오징어 다리에 튀김옷이 골고루 묻을 수 있게 비닐봉지를 열심히 흔들어 주세요. 이때 바로 튀기지 말고 튀김옷이 오징어 다리에 묻은 양념에 잘 스며들도록 3~4분간 그대로 두었다가 튀기면 기름이 튀는 걸 막을 수 있어요.

난이도
Easy

조리시간
20min

어울리는 술
화이트와인 ★★★★★
막걸리 ★★★★
맥주 ★★★

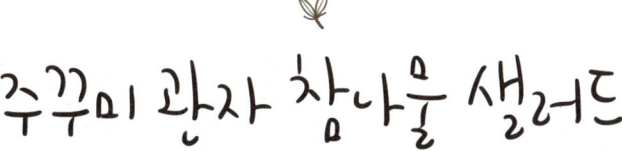

주꾸미 관자 참나물 샐러드

webfoot octopus adductor muscle herb salad

고소한 버터를 보글보글 녹이고 주꾸미와 관자를 구워주면 그 냄새에 한 번 취하고 시원한
드레싱을 곁들여 참나물과 함께 먹으면 고소함과 향긋함이 아주 매력적이에요. 무에 들어
있는 각종 효소는 소화를 돕고 장 기능을 좋게 해주는데 어패류와 함께 먹으면 비린내를 없
애고 독성을 풀어주기도 해요.

참나물　　　　　　　　　　　레몬　　　　　　　　　주꾸미　　관자

무

배

가염버터

Shopping List

재료 주꾸미 4마리(약 200g), 관자 3개(약 120g), 참나물 40g, 레몬 ½개, 가염버터 10g, 후춧가루 약간

시원드레싱 무 60g, 배 75g, 간장 0.3, 마요네즈 3, 연와사비 1, 참기름 0.3, 식초 0.5

How to make

❶ 참기름을 뺀 드레싱 재료를 모두 핸드블렌더나 믹서에 넣고 간 다음 냉장고에 넣어 차갑게 보관한다.

❷ 주꾸미와 관자는 흐르는 물에 헹궈 키친타월로 물기를 제거한 다음 먹기 좋은 크기로 썬다.

❸ 참나물은 깨끗이 씻은 후 물기를 제거하고 아래쪽 줄기를 잘라낸다.

❹ 달군 팬에 버터를 녹인 후 주꾸미와 관자를 넣어 노릇하게 구워 가며 후춧가루를 약간 뿌린다.
　냉장고에 둔 차가운 드레싱에 참기름을 섞어 참나물과 함께 곁들여 낸다.

Tip

주꾸미와 관자는 물기를 완전히 제거한 후 팬에 구워야 물이 나오지 않고 노릇하게 구울 수 있어요. 무염 버터에 구울 때는 소금을 살짝 넣어 간해 주세요. 관자는 너무 오래 구우면 질깃해져서 맛이 떨어져요. 중 심부가 살짝 덜 익을 정도로 구워야 부드럽게 먹을 수 있어요.

잘라낸 참나물의 줄기 부분은 버리지 말고 끓는 물에 데쳐서 참기름과 소금에 무친 다음 김밥에 넣어도 좋고 2㎝ 정도로 짧게 잘라 샐러드에 함께 넣어도 좋아요.

난이도
Normal

조리시간
20min
닭 다리살 재우는 시간 제외

어울리는 술
맥주 ★★★★★
레드와인 ★★★★★

치킨 가라아게

___ fried chicken ___

'치맥'이라는 단어 만으로도 이미 입에는 침이 고이고 맥주의 시원한 목넘김을 상상하게 되지요. 부드럽고 촉촉한 닭다리살을 짭조름하게 양념해 두번 튀겨내면 바삭한 닭튀김이 됩니다. 양념한 닭에 전분을 고루 묻혀 3분 정도 두었다가 튀기는 것이 포인트예요.
매콤한 청양고추를 잘게 썰어 간장, 식초, 맛술, 물을 같은 비율로 섞어 끼얹어 곁들여 먹으면 칼칼하니 훨씬 입맛을 돋워요.

카레가루

달걀

닭 다리살

Shopping List

재료 닭 다리살 300g, 간장 2, 생강즙 1, 설탕 0.3, 카레가루 1, 맛술 0.5, 후춧가루 약간, 박력분 1,
전분 4, 달걀물 ½개 분량

How to make

❶ 닭 다리살은 한입 크기로 자른다.

❷ 볼에 간장, 생강즙, 설탕, 카레가루, 맛술, 후춧가루를 넣고 섞어 양념을 만든 후 썰어 둔 닭고기를 넣고 버무려 15~20분간 재운다.

❸ ❷에 달걀물, 박력분, 전분을 넣고 섞는다.

❹ 180℃ 튀김기름에 넣어 튀겨 낸 다음 기름 온도를 190℃로 올려 재빠르게 한 번 더 튀긴다.

Tip

닭고기 안심살이나 가슴살을 이용해도 좋아요. 튀김옷은 튀김가루 5스푼으로 대체해도 되는데 튀김가루에는 간이 되어 있으니 닭고기를 양념에 재울 때 간장을 1.5스푼으로 줄여서 넣어 주세요.
튀겨 낸 닭고기에 레몬즙을 살짝 뿌리고 양배추샐러드와 곁들여 먹으면 궁합이 잘 맞아요.

난이도
Normal

조리시간
45min

어울리는 술
맥주 ★★★★★

피시 앤 칩스

—— fish & chips ——

튀김은 늘 옳아요. 건강을 위해서는 술안주로 기름진 음식이 좋지 않다고 하지만 이미 길들여진 입맛 때문에 튀김을 찾게 되지요. 포기할 수 없는 맛! 생선포는 전을 부칠 때도, 튀길 때도 가장 중요한 건 물기를 제거하는 과정입니다. 생선의 물기를 충분히 제거하고 밀가루 옷은 얇게 입혀야 튀겼을 때 옷이 잘 벗겨지지 않아요.

맥주

감자

흰살생선포

튀김가루

버터

Shopping List

재료 흰살생선포 200g, 감자 250g, 파르메산치즈가루 2, 소금 0.3, 후춧가루 약간, 바질가루 약간,
버터 20g, 밀가루 1

생선 밑간 소금 0.3, 후춧가루 약간 **튀김옷** 튀김가루 4, 맥주 7, 달걀물 2, 고춧가루 약간

레몬마요소스 마요네즈 2, 레몬즙 1, 설탕 0.3

How to make

❶ 흰살생선포는 키친타월로 꾹꾹 눌러 물기를 제거한 다음 소금, 후춧가루로 밑간한다.

❷ 감자는 껍질을 솔로 문질러 깨끗이 씻고 크기에 따라 6~8등분한다. 여기에 실온에 둔 버터와 소금, 후춧가루, 바질가루,
파르메산치즈가루를 넣고 버무려 190℃로 예열한 오븐에 18분간 굽는다.

❸ 튀김가루에 맥주, 달걀물, 고춧가루를 넣고 대충 섞어 튀김옷을 만든다.

❹ 밑간한 생선에 밀가루를 얇게 묻힌 후 튀김옷을 입혀 180℃ 기름에 노릇하게 튀긴다.

fish & chips

Tip

흰살생선포는 보통 냉동 제품을 사용하는데, 냉장고 혹은 실온에서 완전히 해동한 후 물기를 제거하고 사용해야 튀길 때 기름이 튀지 않아요. 튀김옷은 튀김가루와 맥주가 완전히 섞일 필요는 없으니 오래 젓지 말고 대충 섞으세요. 그래야 바삭바삭해요. 감자는 간단히 올리브오일에 소금, 후춧가루로 간만 해서 구워도 맛있어요.

난이도
Easy

조리시간
15min

어울리는 술
화이트와인 ★★★★★
맥주 ★★★★

루콜라 페스토 시푸드 샐러드

— rucola pesto seafood salad —

쌉싸래하고 톡 쏘는 매운 향이 있는 루콜라는 열무와 맛이 비슷하지 않을까 싶어요. 특유의
향이 치즈와 잘 어울려 견과류, 치즈와 함께 갈아 페스토를 만들어 두고 사용하면 좋아요.
바삭하게 구운 삼겹살이나 베이컨에 곁들여도 훌륭한 안주가 됩니다.

대파   새우살   베이컨   갑오징어   루콜라 페스토

Shopping List

재료 새우살 150g, 작은 갑오징어 180g, 베이컨 3장, 대파 40g, 올리브오일 1,

청주 혹은 화이트와인 1, 루콜라페스토 2, 소금 · 후춧가루 약간씩

How to make

❶ 작은 크기의 갑오징어는 내장과 껍질을 제거하여 깨끗이 씻은 후 물기를 없앤다. 새우살도 깨끗이 씻어 물기를 제거한다. 베이컨은 작게 자르고 대파는 어슷 썬다.

❷ 달군 팬에 올리브오일을 두른 후 베이컨을 노릇하게 굽다가 갑오징어와 새우살, 술을 넣고 함께 익힌다.

❸ 갑오징어와 새우가 다 익으면 썰어 둔 대파를 넣고 같이 볶는다.

❹ 볼에 ❸을 담고 루콜라페스토와 소금, 후춧가루를 넣어 고루 섞는다.

※루콜라페스토 만들기는 268p를 보세요.

*rucola pesto
seafood salad*

Tip

베이비채소를 곁들여 샐러드처럼 먹어도 맛있고 바게트에 루콜라페스토를 바른 다음 볶은 해산물을 올려 오픈샌드위치처럼 먹어도 색달라요.
화이트와인이나 스파클링 와인, 맥주와 두루 잘 어울립니다.

난이도
Normal

조리시간
35min

어울리는 술
레드와인 ★★★★★
맥주 ★★★★

돼지 목살 스테이크

QR코드를 찍으면
만들기 동영상

목살스테이크가 유명한 맛집에 다녀와서 제 입맛에 맞게 만들어 본 레시피예요. 고기에 잔
칼집을 넣어 주어야 소스도 잘 배고 고기를 굽는 과정에서 모양이 뒤틀어지지 않아요. 고기
두께가 2cm 이상이면 앞뒤로 칼집을 넣어 주는 게 좋아요.

양파

A1 스테이크소스

돼지고기 목살

로즈마리　　타임

Shopping List

재료 1.5cm 두께 돼지고기 목살 3장(약 450g), 양파 1개, 버터 5g, 올리브오일 3, 소금 0.4,
말린 타임 0.3, 다진 마늘 0.3, 로즈마리 약간(없으면 생략)

소스 간장 2, 맛술 2, A1 스테이크소스(시판용) 2, 올리고당 3, 머스터드 0.5, 버터 2g

How to make

❶ 돼지고기 목살은 키친타월로 눌러 핏물을 제거한 후 1㎝ 간격으로 십자 모양의 잔칼집을 넣는다.

❷ 칼집을 넣은 목살에 올리브오일, 소금, 말린 타임, 다진 마늘을 넣고 버무린 후 20분간 재운다.

❸ 양파는 모양을 살려 굵게 썬다.

❹ 달군 팬에 버터 5g을 녹이고 재워 둔 목살을 올려 센 불에서 앞뒤 표면을 바짝 익힌다. 양파를 넣은 후 약한 불로 줄여 속까지 익힌다.

❺ 팬에 버터를 제외한 소스 재료를 넣고 끓인다. 구운 목살에 소스를 부어 졸이다가 마지막에 버터 2g을 마저 넣고 졸인다.

Tip

돼지고기 목살은 기호에 따라 1㎝ 혹은 1.5㎝ 두께로 준비하세요. 비타민이나 시금치, 미나리, 버섯 등 좋아하는 채소를 함께 볶아서 곁들여도 좋아요.
돼지고기를 소스에 졸일 때 마지막에 넣는 버터가 전체적인 맛을 부드럽게 만들어요. 칼로리가 걱정된다면 굳이 안 넣어도 괜찮아요.

난이도
Easy

조리시간
20min

어울리는 술
레드와인 ★★★★★
맥주 ★★★★

마늘소스 돼지안심구이

garlic sauce pork lean meat of short ribs steak

안심은 부드러워 큼직큼직하게 손질해도 질기지 않아 좋아요. 저는 넉넉하게 만들었다가
먹고 남으면 찬밥을 넣어 볶거나 카레를 만들어 먹기도 해요. 재료에 양념도 되어있고 다 익
었기 때문에 초스피드 요리가 가능하지요.

양송이버섯

적파프리카

돼지고기 안심

주키니호박

양파

Shopping List

재료 돼지고기 안심 200g, 주키니호박 100g (½개), 양파 40g (¼개), 적파프리카 60g (½개),
양송이버섯 3개, 타임 2~3줄기(없으면 생략)

고기 밑간 양념 올리브오일 1, 청주 0.5, 소금 0.3, 후춧가루 0.1

마늘소스 올리브오일 1.5, 다진 마늘 1, 레몬즙 0.5, 우스터소스 1, 설탕 0.5

How to make

❶ 돼지고기 안심은 한입에 쏙 들어갈 수 있게 1㎝ 두께로 썰어 밑간 양념에 버무린다. 마늘소스 재료를 고루 섞어 소스를 만들어 둔다.

❷ 주키니호박은 1㎝ 두께로 잘라 4등분하고 양파와 파프리카도 비슷한 크기로 썬다.

❸ 달군 팬에 밑간한 고기를 넣고 앞뒤로 노릇하게 구운 다음 썰어 둔 채소를 넣어 같이 굽는다.

❹ 고기가 완전히 익으면 마늘소스를 넣고 센 불에서 살짝 볶아 낸다.

garlic sauce pork lean meat of short ribs steak

Tip

생허브나 말린 허브를 위에 솔솔 뿌려 주면 더 맛있게 즐길 수 있어요. 만들기가 손쉬워 캠핑 메뉴로도 손색
없죠. 돼지고기는 미리 양념에 재워 지퍼백에 넣고 채소도 미리 손질해서 가면 캠핑장에서 꼬치에 꿰어 숯불
에 굽기만 하면 됩니다. 따뜻하게 데운 마늘소스에 찍어 먹거나 마늘소스를 얇게 펴 바른 후 구워도 좋아요.
집에서 먹을 때도 색다른 분위기를 내고 싶다면 재료를 모두 익힌 후 꼬치에 꿰어 담아내면 근사하답니다.

난이도
Easy

조리시간
20min

어울리는 술
스파클링 와인 ★★★★★
맥주 ★★★★

망고살사를 곁들인 새우구이

roasted shrimp with mango salsa sauce

특별한 날 친구들을 초대했을 때는 요리법이 복잡하지 않으면서 뭔가 그럴싸한 걸 찾게
되죠? 냉동고에 잠자고 있던 새우와 망고로 스파클링 와인에 어울리는 안주를 만들 수 있
어요.

새우 망고

청양고추 양파

Shopping List

재료 새우(머리 포함 15㎝ 정도) 8마리, 파슬리 1줄기(생략하거나 말린 파슬리로 대체 가능),

소금 0.5, 후춧가루 약간, 고춧가루 0.3, 올리브오일 3, 청주 2

망고살사 망고 100g, 양파 40g, 청양고추 1개, 레몬즙 0.5

How to make

❶ 새우는 흐르는 물에 깨끗이 씻은 후 몸통 부분의 껍질을 벗긴다.

❷ 새우 등쪽에 절반 정도 칼집을 넣어 내장을 제거한다.

❸ 소금, 후춧가루, 고춧가루, 다진 파슬리 또는 말린 파슬리를 새우에 골고루 묻히고 올리브오일을 뿌린다.

❹ 망고와 양파는 사방 0.5㎝ 정도로 자르고 청양고추는 잘게 다진다.

❺ 볼에 망고와 양파, 청양고추를 담고 레몬즙을 넣어 고루 섞은 후 접시에 담는다.

❻ 달군 팬에 ❸의 새우를 넣고 청주를 뿌려 가며 앞뒤로 굽는다. 이때 새우 등쪽 부분을 세워서 익히면 더욱 먹음직스럽게 구워진다. 망고살사 위에 구운 새우를 담아낸다.

roasted shrimp with
mango salsa sauce

Tip

새우를 익힐 때 처음엔 센 불에서 팬을 달구어 새우와 청주를 넣고 뒤집어 가며 익히세요. 새우가 앞뒤로
빨갛게 변하면서 구워지면 중약불로 낮춰 새우 등쪽을 굴려 가며 익히면 모양을 살릴 수 있어요.
망고살사는 양파와 청양고추로 간단히 만들었지만 오이나 파프리카, 아보카도, 실란트로 등을 함께 넣어
만들면 더욱 맛있어요. 망고는 백화점이나 대형마트에서 구입 가능하고 냉동 제품을 사용해도 괜찮아요.

난이도
Normal

조리시간
25min

어울리는 술
맥주 ★★★★★
레드와인 ★★★★★
스파클링 와인 ★★★★

캐러멜호두 고르곤졸라 피자

caramel walnut gorgonzola pizza

QR코드를 찍으면
만들기 동영상

캐러멜 호두를 만들어 얹으면 따로 꿀을 찍어 먹지 않아도 호두를 씹을 때마다 달콤해요. 토르티야 대신 바게트를 잘라 미니 피자로 만들어도 좋아요. 달콤 쌉싸래 쿰쿰한 고르곤졸라 피자는 쌉쌀하면서 향긋한 맥주와 잘 어울려요.

피자치즈

고르곤졸라치즈

호두

Shopping List

재료 토르티야 4장, 호두 50g, 고르곤졸라치즈 25g, 피자치즈 200g, 꿀 2, 시금치 혹은 루콜라 30g

캐러멜호두 설탕 3, 올리고당 3, 물 2, 버터 5g

How to make

❶ 작은 냄비에 설탕, 올리고당, 물을 넣고 약한 불에서 설탕이 완전히 녹을 때까지 젓지 말고 끓인다. 설탕물이 끓어오르면 호두를 넣고
　단맛이 배도록 약한 불에서 서서히 졸이면서 가끔 냄비를 좌우로 기울여 호두가 골고루 졸여지게 한다.

❷ 설탕이 가장자리부터 타면서 캐러멜 냄새가 나기 시작하면 버터를 넣고 섞는다.

❸ 전체적으로 갈색이 돌면 불을 끄고 호두를 하나씩 접시에 꺼내 식힌다.

❹ 토르티야 2장에 꿀을 반 스푼씩 골고루 펴 바르고 피자치즈를 50g씩 올린다.

❺ ❹에 토르티야 1장을 더 올리고 꿀을 반 스푼씩 펴 바른 다음 호두와 고르곤졸라를 조금씩 떼어 놓고 피자치즈를 50g씩 올려
　200℃로 예열된 오븐에 10분 정도 굽는다.

❻ 구워진 피자 위에 깨끗이 씻어 물기를 제거한 시금치나 루콜라를 얹어 낸다.

caramel walnut gorgonzola pizza

Tip

캐러멜호두를 제대로 잘 만드는 것이 중요해요. 약한 불에서 서서히 끓이면서 젓가락 등으로 젓지 않아야
결정이 생기지 않아요. 완성된 캐러멜호두는 그 자체로도 술안주나 주전부리가 된답니다.
과정 ❹에서 다진 마늘을 약간 바르면 마늘향이 나면서 느끼함을 줄일 수 있어요.

난이도
Normal

조리시간
25min

어울리는 술

맥주 ★★★★★
소주 ★★★★

모듬 채소튀김과 당근 샐러드

fried kinds of **vegetables** & **carrot** salad

자칫 밋밋하고 느끼할 수 있는 채소튀김이지만 튀김옷에 고춧가루나 파프리카 가루를 약간 넣어 주면 칼칼한 맛이 나서 좋아요. 당근샐러드는 그 자체로도 훌륭한 안주가 됩니다. 먹을 때마다 '당근이 이렇게 달고 맛있는 채소였나' 하는 생각을 해요.

가지

단호박

꽈리고추

주키니호박   당근   새송이버섯

Shopping List

재료 가지 1개, 주키니호박 ⅓개, 꽈리고추 7개, 새송이버섯 1개, 단호박 ¼개, 밀가루 5,
튀김가루 11, 얼음물 1컵, 고춧가루 0.2

당근샐러드 당근 ½개, 올리브오일 1, 레몬즙 1, 소금 · 후춧가루 약간씩

How to make

❶ 꽈리고추는 꼭지를 제거하고 가지, 주키니호박, 새송이버섯은 한입 크기로 썬다. 단호박은 씨를 제거한 뒤 반달 모양으로 썬다.

❷ 당근은 필러로 얇게 깎아 올리브오일, 레몬즙, 소금, 후춧가루를 넣고 버무린 다음 냉장고에 넣어 차게 둔다.

❸ 얼음물에 튀김가루를 넣고 대충 섞은 후 고춧가루를 살짝 뿌린다.

❹ 준비한 채소에 밀가루를 골고루 묻힌 후 ❸의 튀김옷을 입혀 170℃ 기름에 노릇하게 튀겨 낸다. 당근샐러드를 곁들여 먹는다.

Tip

튀김옷을 만들 때 얼음물이나 맥주를 이용하면 바삭바삭한 튀김옷을 만들 수 있어요. 물에 튀김가루를 넣고 골고루 섞으려고 너무 많이 저으면 글루텐이 형성돼 바삭한 튀김옷을 만들 수 없어요. 날가루가 조금 남아 있을 정도로 대충 섞으세요.

chapter 2

가족들과
한잔

난이도
Easy

조리시간
20min

어울리는 술
맥주 ★★★★★
레드와인 ★★★★

춘권피 연어롤

────── salmon roll ──────

통조림 연어를 이용해서 간단하게 만들 수 있는 안주예요. 튀기는 게 부담스럽다면 춘권피
롤에 식용유를 살짝 발라 오븐에 구워 보세요. 슬라이스치즈, 스트링치즈, 깻잎, 양파 등을
함께 넣어 만들어도 색다릅니다. 한번에 넉넉히 만들어 냉동보관하면 아이들 간식으로도
좋아요.

춘권피

연어 통조림

홀스래디시소스

케이퍼

Shopping List

재료 춘권피 12장, 연어 통조림 2캔, 케이퍼 약간, 달걀물 약간, 홀스래디시소스 약간

How to make

❶ 연어 통조림은 체에 밭쳐 물기를 뺀 후 포크로 연어살을 으깬다.

❷ 춘권피를 마름모꼴로 놓고 으깬 연어를 1스푼 올린 후 케이퍼를 3~4개 올린다.

❸ 춘권피 가장자리에 달걀물을 바르고 돌돌 말아 모양을 만든다.

❹ 달군 팬에 기름을 넉넉하게 두르고 연어롤을 넣어 노릇하게 튀겨 낸다.

Tip

춘권피 안에 슬라이스 치즈를 넣어 만들 때는 튀길 때 치즈가 녹아 흘러나오지 않도록 꼼꼼하게 접어서
말아야 해요. 케이퍼 대신 피클을 다져 넣어도 잘 어울려요. 홀스래디시소스는 서양 와사비의 일종으로
풍미가 강하고 매워서 연어와 잘 맞아요.
춘권피에 깻잎을 반으로 잘라넣고 연어와 함께 말아도 향긋하고 맛있어요.

난이도
Normal

조리시간
30 min

어울리는 술
막걸리 ★★★★★
레드와인 ★★★

육전채소쌈

beef pancake wrapped vegetable

따뜻한 육전은 그 자체로도 훌륭한 안주가 되지요. 거기에 매운맛이 나는 부추, 달콤한 대추
와 밤을 곁들이면 더욱 정성스럽고 고급스러운 안주가 됩니다.

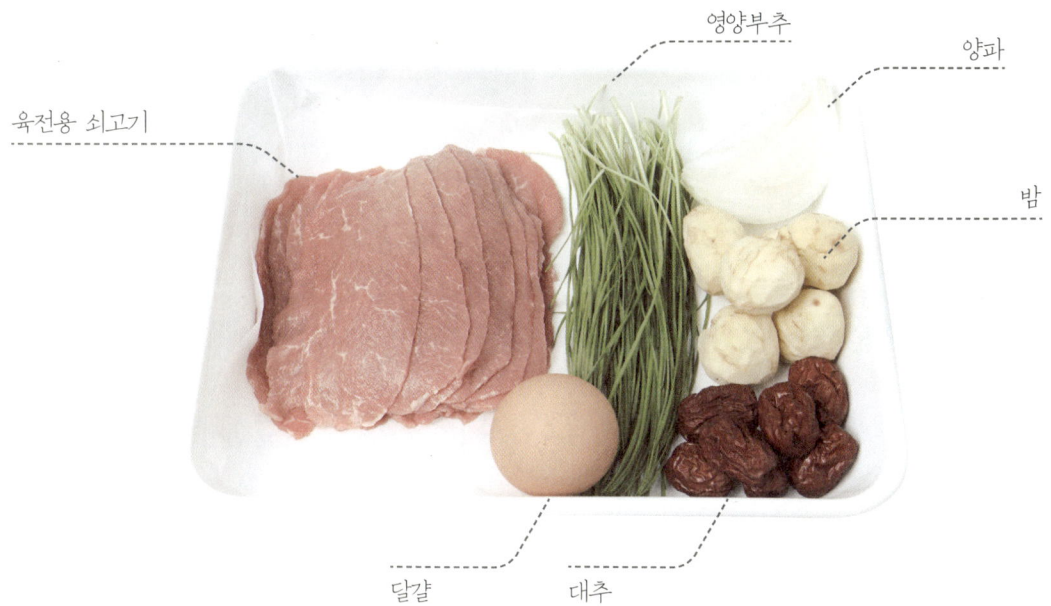

육전용 쇠고기 영양부추 양파 밤 달걀 대추

Shopping List

재료 육전용 쇠고기 200g, 영양부추 30g, 밤 6개, 대추 7개, 밀가루 3, 달걀 1개,

소금 · 후춧가루 약간씩

양념장 간장 1, 식초 1, 물 1, 참기름 0.3, 양파채 약간

How to make

❶ 쇠고기는 키친타월로 눌러 핏물을 제거하고 소금, 후춧가루로 간한 다음 밀가루, 달걀물 순으로 묻혀 기름을 두른 팬에 굽는다.

❷ 영양부추는 고기 너비 길이로 썰고 밤은 껍질을 벗긴 후 얇게 채 썬다.

❸ 대추는 돌려 깎기로 씨를 제거한 후 얇게 채 썬다.

❹ 구운 육전에 영양부추, 밤, 대추를 올려 돌돌 말거나 살짝 여민 후 이쑤시개로 고정시킨다. 양념장을 곁들여 낸다.

beef pancake wrapped vegetable

Tip

육전용 고기는 마트에서 샤브샤브용 혹은 육전용으로 구입할 수 있어요. 손님상에 낼 때는 미리 만들었다
먹는 것도 좋지만 큰 팬을 상에 올려 한 장 한 장 바로바로 구워서 먹으면 더욱 맛을 살릴 수 있어요.

난이도
Hard

조리시간
80 min

어울리는 술
막걸리 ★★★★★
소주 ★★★★

저수분 생강보쌈과 굴무침

boiled pork **with** ginger & seasoned oyster

돼지고기는 차가운 성질로 몸에 열이 많은 사람에게는 좋지만 손발이 차거나 설사를 자주
하는 사람, 소화 기능이 약한 사람은 피하는 것이 좋다고 해요. 돼지고기의 찬 성질을 완화
하기 위해 생강, 마늘, 후추를 넣어 조리하고 배추, 생굴을 곁들이면 도움이 됩니다. 삼겹살
에 생강이나 마늘을 박아 넣고 저수분으로 쪄 내면 고기에 생강향이 배어 누린내도 없죠. 고
기에 박힌 생강, 마늘은 버리지 말고 함께 먹으면 향긋합니다.

삼겹살 / 생강 / 양배추 / 배 / 굴 / 대파 / 양파 / 무

Shopping List

재료 삼겹살 700g, 양배추 300g(¼통), 대파 70g, 생강 50g, 양파 1개, 물 1½컵, 통후추 약간

굴무침 굴 200g, 무 50g, 배 50g, 대파 20g

무침 양념 뜨거운 물 ¼컵, 다시마 5×5㎝ 길이 1장, 고춧가루 2.5, 다진 마늘 1, 다진 생강 0.8, 소금 1

\+ 요리용 실이나 무명실

boiled pork with ginger & seasoned oyster

How to make

❶ 생강 40g은 편으로 썰고, 10g은 얇게 채 썬다. 양배추, 대파, 양파는 큼직큼직하게 썬다.

❷ 삼겹살은 껍질쪽에 2~3cm 깊이로 칼집을 넣은 후 편으로 썬 생강을 넣고 요리용 실로 묶는다.

❸ 바닥이 두꺼운 냄비에 썰어 둔 양배추, 양파, 대파를 깔고 ❷의 삼겹살을 얹은 후 물을 붓는다.
통후추를 갈아 넣고 약한 불로 50분가량 끓인다.

❹ 삼겹살이 익는 동안 연한 소금물에 굴을 흔들어 씻고 체에 밭쳐 30분 정도 그대로 두어 물기를 제거한다.

❺ 무와 배는 사방 1cm 정도로 작게 나박 썰기를 하고 대파도 썬다.

❻ 뜨거운 물에 다시마를 넣고 10분간 우려낸 다음 다시마를 건져 낸다.
고춧가루를 넣어 10분간 불리다가 다진 마늘, 다진 생강, 소금을 넣고 양념을 만든다.

❼ 무는 무침 양념의 소금 분량 중 0.3을 넣고 버무려 10분간 절인 후 물기를 꼭 짠다.

❽ ❹의 굴에 물기 짠 무와 배, 대파, 양념을 넣고 버무려 잘 익은 삼겹살과 곁들여 낸다.

Tip

굴이 제철인 겨울에는 굴무침을 곁들이고 제철이 아닐
때는 어리굴젓이나 조개젓갈을 칼칼하게 양념해서 곁
들여도 맛있어요.
저수분보쌈은 껍질이 붙어 있는 고기로 만들면 껍질이
쫄깃해서 훨씬 맛있어요. 부드러운 식감의 고기를 좋아
한다면 마늘, 생강, 커피를 넣고 끓인 물에 고기를 넣어
삶으세요.

난이도
Easy

조리시간
30min

어울리는 술
맥주 ★★★★★
레드와인 ★★★★

스키야끼

—— japan chowder ——

QR코드를 찍으면
만들기 동영상

스키야끼는 '저민 고기'라는 뜻으로 쇠고기, 두부, 버섯, 채소를 자작한 소스에 익혀 먹는 메뉴입니다. 재료들의 풍미가 한데 어우러져 아주 훌륭한 안주가 돼요.

도톰하게 저민 고기를 먼저 익혀 달걀에 찍어 먹고 채소를 넣어 익히면 고기육즙이 밴 소스가 채소에 스며들어 더욱 맛있어요.

쇠고기 등심

버섯 3종

쑥갓

배춧잎

대파

달걀

두부

양파

Shopping List

재료 쇠고기 등심(구이용 혹은 샤브샤브용) 300g, 양파 50g, 배춧잎 100g(3장), 대파 30g, 두부 ¼모,

쑥갓 3줄기, 팽이버섯 ¼봉지, 느타리버섯 100g, 백만송이버섯 70g, 달걀 2개, 식용유나 소기름 약간

소스 청주 · 맛술 · 물 ½컵씩, 간장 5, 설탕 50g 혹은 **bibgo** 야끼니쿠소스

How to make

❶ 냄비에 청주와 맛술을 넣고 중간 불에서 한소끔 끓여 알코올을 날린 후 물, 간장, 설탕을 넣고 한 번 더 끓여 소스를 만든다.

❷ 양파는 채 썰고 대파는 굵게 어슷 썬다. 배춧잎은 칼을 눕혀 먹기 좋은 크기로 자른다. 쑥갓은 깨끗이 씻어 물기를 뺀다.

❸ 두부는 먹기 좋은 크기로 잘라 석쇠에 올려 직화로 굽는다.

❹ 팽이버섯과 백만송이버섯, 느타리버섯은 밑동을 떼어 내고 먹기 좋은 크기로 찢는다.

❺ 두꺼운 팬을 달군 후 식용유나 소기름으로 팬을 코팅한다. 그 후 쇠고기와 ❶의 소스를 넣고 끓인다.

❻ 어느 정도 고기가 익으면 손질한 버섯, 배춧잎, 두부, 쑥갓, 양파, 대파를 넣어 함께 익혀 먹는다.
달걀 2개는 볼에 풀어서 함께 내어 건더기를 찍어 먹을 수 있게 한다.

bibigo
야끼니쿠소스

Tip

정육점에서 고기를 살 때 남는 소기름을 조금 얻어 와서 팬이 달궈졌을 때 문질러 꼼꼼하게 코팅해 주면 음식 맛이 한결 좋아져요. 고기는 샤브샤브용으로 구입해 얇은 고기를 익혀 먹어도 색달라요. 소스와 함께 익힌 채소와 고기를 신선한 날달걀을 푼 것에 찍어 먹으면 짜지 않고 고소한 맛을 함께 맛볼 수 있어요. 마지막에 우동이나 칼국수 면을 넣고 남은 소스와 물을 부어 끓이면 또 하나의 요리가 완성되지요.

난이도
Normal

조리시간
40min

어울리는 술
맥주 ★★★★★
막걸리 ★★★

멘치가스와 치즈고로케

chopped meat cutlet & cheese croquette

나른한 주말 오후, 뭔가 특별하고 색다른 일이 없을까 궁리하게 되지요. 고민하지 말고 주방
으로 직진해 보세요. 상큼한 음악을 틀어놓고 박자에 맞춰 발을 까딱까딱, 콧노래를 흥얼거
리며 바삭바삭한 고로케를 만들 시간입니다.

다진 돼지고기

다진 쇠고기

피자치즈

슬라이스 치즈

양파

감자

Shopping List

재료 A. 멘치가스 다진 쇠고기 100g, 다진 돼지고기 200g, 빵가루 1, 양파 40g(¼개), 버터 5g,

다진 마늘 0.5, 맛술 1, 소금 0.3, 후춧가루 약간

B. 치즈고로케 감자 400g(중간 크기 2개), 양파 40g(¼개), 버터 10g, 피자치즈 80g,

슬라이스 치즈 2장, 다진 쇠고기 40g, 소금 0.3

다진 쇠고기 밑간 양념 간장 0.5, 설탕 0.3, 후춧가루 약간 **튀김옷** 밀가루 4, 달걀 1개, 빵가루 2컵

How to make

A–❶ 양파는 잘게 다져 뜨겁게 달군 팬에 버터를 녹인 후 노릇하게 볶아 식힌다.

A–❷ 볼에 핏물을 제거한 돼지고기와 볶아서 식힌 양파, 빵가루, 다진 마늘, 맛술, 소금, 후춧가루를 넣고 치대어 반죽한다.

A–❸ 고기 반죽을 4등분하여 모양을 잡고 밀가루 – 달걀물 – 빵가루 순으로 튀김옷을 입혀 170℃로 달군 튀김기름에 넣어
속까지 익도록 노릇하게 튀겨 낸다.

Tip

멘치가스의 고기 반죽은 너무 많이 치대면 퍽퍽해져요. 재료들이 서로 잘 섞이고 뭉쳐질 정도로만 반죽하세요.
멘치가스는 내용물을 초벌로 익혀서 튀기는 치즈고로케보다 낮은 온도에서 시간을 두고 튀겨야 속까지 고루 익힐 수 있어요.
치즈고로케는 좀 더 진하고 깊은 맛을 내고 싶다면 브리치즈나 그라나 파다노치즈를 반죽에 넣어 만들어 보세요.

How to make

B-❶ 감자는 껍질을 벗기고 크기에 따라 6~8등분하여 냄비에 담고 물을 자작하게 부어 삶은 후 곱게 으깬다.

B-❷ 달군 팬에 식용유를 두르고 잘게 다진 양파를 넣어 볶다가 숨이 죽으면 약한 불로 낮추어 양념한 쇠고기를 넣고 젓가락으로 고기를 풀어 가며 볶는다.

B-❸ 으깬 감자에 ❷를 넣고 소금, 후춧가루를 넣어 섞은 다음 대충 손으로 찢은 슬라이스 치즈와 피자치즈를 넣고 반죽한다.

B-❹ 반죽을 6등분하여 동그랗게 모양을 잡은 다음 밀가루 – 달걀물 – 빵가루 순으로 튀김옷을 입힌다.

B-❺ 180℃로 달군 튀김기름에 넣어 노릇하게 튀겨 낸다.

난이도
Easy

조리시간
15min

어울리는 술
소주 ★★★★★
맥주 ★★★★

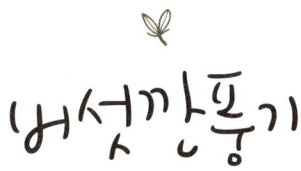

버섯깐풍기

—— fried mushroom ——

버섯이 이렇게 맛있어도 되나 싶을 정도로 쫄깃하고 맛있어요. 특히 생표고버섯은 특유의
향긋함이 아주 기분 좋죠. 새콤달콤매콤한 소스라 아이들 간식으로도, 밥반찬으로도 훌륭
하고 버섯 대신 두부를 튀겨 넣어도 좋답니다.

표고버섯   새송이버섯   핫소스

마늘   고추

Shopping List

재료 표고버섯 5개, 새송이버섯 1개, 마늘 2쪽, 청홍고추 1개씩, 전분 1.5, 참기름 1~2방울

소스 간장 1.5, 올리고당 1.5, 설탕 1, 식초 1.5, 핫소스 0.5, 물 3.5

How to make

❶ 생표고버섯은 먼지를 털어 낸 뒤 기둥을 잘라내고 4등분한다.
　새송이버섯은 한입 크기로 자른다. 마늘은 편으로 썰고 청홍고추는 잘게 다진다.

❷ 손질한 버섯에 스프레이로 물을 살짝 뿌리고 위생 비닐에 전분과 함께 넣고 흔들어 전분옷을 입힌 다음 5분 정도 그대로 둔다.
　기다리는 동안 소스 재료를 모두 섞어 놓는다.

❸ 팬에 기름을 넉넉히 두르고 ❷의 버섯을 넣고 팬을 기울여 튀긴다.

❹ 다른 팬에 기름을 두르고 마늘을 볶아 향을 낸 뒤 소스를 부어 바글바글 끓으면 튀겨 놓은 버섯과 청홍고추를 넣고 버무린다.
　마지막에 참기름 한두 방울을 떨어뜨린다.

fried mushroom

Tip

넉넉한 튀김기름에 튀기면 더욱 바삭하게 튀길 수 있어 좋지만 버섯 양이 적을 때는 팬에 기름을 넉넉히 두르고 기울여서 튀겨도 충분해요. 전분옷을 입힌 후 5분간 그대로 두는 이유는 겉에 묻은 전분이 버섯의 수분을 충분히 흡수해서 더 바삭하게 튀겨지도록 하기 위해서예요. 버섯은 물에 씻지 않고 겉에 묻은 먼지나 흙만 마른 행주로 털어 내고 요리해야 향을 그대로 즐길 수 있어요. 물에 씻게 되면 버섯이 수분을 다 흡수해 버려 풍미가 떨어진답니다.

난이도
Normal

조리시간
15min

어울리는 술
소주 ★★★★★
맥주 ★★★★

고추잡채

red pepper chop suey

고추잡채는 고추, 후추의 매운맛과 채소의 아삭함이 살아 있어야 맛있어요. 알싸한 향 때문에 저는 만들면서 재채기를 몇 번이나 하곤 한답니다. 매콤한 고추잡채를 따뜻한 꽃빵이나 토르티야에 얹어 싸 먹으면 술이 술을 부르고 어느새 밥도 불러와요. 따뜻한 밥 위에 올려 덮밥처럼 먹어도 맛있거든요.

적파프리카 청양고추 채 썬 돼지고기 굴소스

양파 청피망 생강 마늘

Shopping List

재료 채 썬 돼지고기(잡채용) 120g, 청피망 1개, 적파프리카 1개, 양파 30g, 청양고추 2개,

마늘 2쪽, 생강 10g, 고추기름 2, 굴소스 1, 간장 0.5, 후춧가루 약간

고기 밑간 양념 굴소스 1, 다진 마늘 0.5, 청주 1, 후춧가루 약간

How to make

❶ 돼지고기는 굴소스, 다진 마늘, 청주, 후춧가루를 넣고 버무려 밑간한다.

❷ 파프리카와 청피망, 청양고추는 씨를 제거한 후 얇게 채 썰고 양파와 마늘, 생강도 얇게 채 썬다.

❸ 팬에 식용유를 두르고 밑간한 고기를 볶아 접시에 덜어 둔다.

❹ 고기를 볶은 팬에 고추기름을 두르고 채 썬 마늘과 생강을 넣어 약한 불에서 향을 낸다.

❺ ❹에 썰어 둔 채소를 넣고 굴소스, 간장, 후춧가루로 양념하여 센 불에서 달달 볶는다.

❻ ❺에 볶아 둔 고기를 넣어 센 불로 재빠르게 볶아 낸다.

red pepper chop suey

Tip

고추잡채는 청양고추와 후춧가루의 매운맛과 채소의 아삭함이 살아 있어야 맛있어요.
돼지고기는 두 번 볶아 완전히 익히고 채소는 센 불에서 재빨리 볶아 아삭함을 살리세요. 꽃빵을 쪄서 곁들이거나 토르티야를 팬에 노릇하고 부드럽게 구워 곁들여도 색다르죠. 따뜻한 밥 위에 올려 덮밥처럼 먹어도 맛있어요.

난이도
Normal

조리시간
30min

어울리는 술
맥주 ★★★★★
막걸리 ★★★★

불고기 우동 샐러드

beef udon salad

달콤하고 부드러운 불고기와 고소한 참깨드레싱이 잘 어우러져 입맛을 돋워요. 통통한 우동 면을 삶아 얼음물에 재빨리 헹궈서 차갑고 탱탱하게 만들어 줍니다. 그런 후 물기를 충분히 빼야 드레싱이 묽어지지 않아요. 푸짐하게 만들어 온가족이 둘러앉아 맛있게 드세요.

양상추 · 우동 면 · 양파 · 참깨 · 방울토마토 · 쇠고기 불고기감

Shopping List

재료 양상추 120g, 방울토마토 4개, 우동 면 1개, 쇠고기 불고기감 200g

고기 밑간 양념 간장 1.5, 굴소스 0.5, 설탕 1, 후춧가루 약간

참깨드레싱 참깨 6, 양파 20g, 마요네즈 6, 간장 2, 식초 2, 설탕 2

How to make

❶ 양상추는 깨끗이 씻어 물기를 제거하고 한입 크기로 뜯거나 자른다.

❷ 방울토마토는 꼭지를 제거한 후 편으로 3~4등분한다.

❸ 우동 면은 끓는 물에 넣고 젓가락으로 잘 풀어 가며 삶은 다음 얼음물에 넣고 헹군다. 체에 밭쳐 물기를 뺀다.

❹ 핸드블렌더나 믹서에 참깨와 양파를 먼저 갈고 나머지 재료를 넣어 한 번 더 갈아 드레싱을 만든다.

❺ 쇠고기는 키친타월로 눌러 핏물을 제거한 후 밑간 양념을 넣고 버무린다. 팬에 식용유를 약간 두르고 젓가락으로 고기를 풀어 가며 굽는다. 접시에 양상추, 토마토, 우동 면을 예쁘게 담은 후 그 위에 불고기를 올리고 참깨드레싱은 따로 담아낸다.

beef udon salad

Tip

우동 면 대신 푸실리, 펜네, 파르펠레 등 모양이 있는 파스타로 만들어도 좋아요. 참깨드레싱은 조금 넉넉한 양이니 ⅔ 정도 뿌려 보고 부족하면 더 뿌리세요.
불고기나 다진 고기를 볶을 땐 팬을 달구지 않고 불을 켜기 전에 미리 고기를 넣어 약한 불에서 고기를 풀어 가며 익혀야 덩어리지지 않게 익힐 수 있어요.

난이도
Normal

조리시간
60 min

어울리는 술
맥주 ★★★★★
레드와인 ★★★★

맥주소스의 참스테이크와 배절임

chop steak by beer sauce & pear pickle

QR코드를 찍으면
만들기 동영상

달콤하게 볶은 양파와 맥주의 향이 고스란히 배인 참스테이크는 굉장히 부드럽고 깊은 맛이 나요. 여기에 상큼하게 절인 배를 곁들이면 소화에도 도움이 돼요.

양파

발사믹크림

쇠고기 채끝살

버터

배   맥주

Shopping List

재료 쇠고기 채끝살 360g, 양파 250g, 배 ¼개, 버터 30g, 맥주 ⅔컵, 발사믹크림 1

고기 밑간 양념 올리브오일 2, 다진 마늘 2, 간장 0.5, 소금 0.3, 후춧가루 약간

배 절임물 뜨거운 물 ½컵, 식초 5, 설탕 4, 소금 0.5, 파슬리가루 약간(없으면 생략)

How to make

❶ 쇠고기는 사방 2㎝ 정도의 한입 크기로 썰고 밑간 양념으로 버무려 40분 이상 재운다.

❷ 배는 껍질을 벗기고 사방 0.5㎝ 크기의 주사위 모양으로 썰어 절임물에 10분 이상 담가 절인다.

❸ 양파는 얇게 채 썬 후 달군 팬에 버터 20g을 녹여 중약불로 갈색이 될 때까지 타지 않게 볶아 접시에 담는다.

❹ 양파를 볶았던 팬에 재운 쇠고기를 중간불에서 앞뒤로 1분씩 뒤집어 가며 굽는다.

❺ 고기 표면이 노릇하고 바삭하게 익으면 맥주와 볶은 양파를 넣고 국물이 ⅔ 정도로 줄어들 때까지 졸인다.

❻ ❺에 남은 버터 10g과 발사믹크림을 넣고 마무리한 후 절인 배를 곁들여 낸다.

chop steak by beer sauce & pear pickle

Tip

고기를 올리브오일에 40분 이상 재워 두면 육질이 부드러워지고 동물성 지방의 용출이 쉬워진다고 해요. 시간이 충분치 않을 때는 양념에 버무려 바로 구워도 좋지만 여유가 있다면 40분 정도 재웠다가 요리하면 훨씬 부드러운 식감을 느낄 수 있어요. 배절임은 먹기 전에 잘게 다진 민트 잎이나 파슬리가루를 약간 뿌리면 더욱 향긋하고 맛있어요.

난이도
Normal

조리시간
15min

어울리는 술
소주 ★★★★★
막걸리 ★★★★
화이트와인 ★★★★

바지락 숙주볶음

— broiled manila clam & bean sprouts —

바지락은 철분 함량이 굴의 3배나 되고 간에 좋은 베타인과 타우린이 풍부해 숙취 해소에 좋아요. 시원하게 탕으로 끓여 먹어도 좋고 아삭한 숙주를 넣어 같이 볶아도 별미예요. 바지락은 바닷물처럼 짠 소금물보다는 옅은 소금물에 해감하는 것이 좋아요. 소금물에 바지락을 넣고 어두운 곳에서 해감하세요.

바지락

숙주

꽈리고추

Shopping List

재료 바지락 300g, 숙주 80g, 꽈리고추 4개, 청주 2, 물 ⅓컵, 굴소스 0.5, 다진 마늘 0.5, 전분 0.5,

소금 · 후춧가루 약간씩

How to make

❶ 바지락은 옅은 소금물에 담가 해감한 후 맑은 물에 헹군다.

❷ 숙주는 깨끗한 물에 씻어 물기를 제거하고 꽈리고추는 어슷하게 썬다.

❸ 달군 팬에 해감시킨 조개와 청주, 물 ⅓컵을 넣고 뚜껑을 닫은 후 조개가 입을 벌릴 때까지 끓인다.
조개가 익으면 건져 내고 국물은 그릇에 담아 전분을 풀어 둔다.

❹ 달군 팬에 식용유를 두르고 숙주와 꽈리고추, 굴소스, 다진 마늘을 넣어 센 불에서 볶다가
익힌 조개와 조개국물에 전분을 풀어 둔 것을 넣고 재빨리 볶아 낸다. 소금과 후춧가루로 간하여 낸다.

broiled manila clam & bean sprouts

Tip

마트에서 파는 해감된 조개는 따로 해감하지 않고 맑은 물에 두세 번 헹궈 사용합니다.
손님을 초대했다면 조개를 익히고 식힌 조개국물에 전분을 풀어 두는 과정을 미리 준비했다가 나중에
숙주와 볶아서 내기만 하면 손쉽고 따뜻하게 먹을 수 있어요. 고춧가루를 살짝 뿌려서 내도 좋아요.

난이도
Normal

조리시간
30 min

어울리는 술
소주 ★★★★

조기매운탕

— croaker hot fish stew —

매운탕만큼 좋은 소주 안주가 있을까요? 조기는 말 그대로 '원기를 돋우는 생선'이에요. 노란색이 감도는 참조기가 가장 맛있는데 비늘을 잘 제거하고 매운탕을 끓이면 비린내가 나지 않고 담백해 맛있어요.

조기
명란젓
바지락
쑥갓
파
양파
무
다시마

Shopping List

재료 손질한 조기 3마리(약 200g), 양파 30g, 무 75g, 명란젓 60g, 바지락 130g, 쑥갓 30g,
대파 25g, 다시마 5×5cm 길이 1장, 물 3컵

양념장 고춧가루 1.5, 국간장 1, 다진 마늘 1, 다진 생강 0.5, 소금 0.3, 맛술 1, 후춧가루 약간

How to make

❶ 손질한 조기와 바지락은 흐르는 물에 깨끗이 씻어 물기를 제거한다.

❷ 양파는 두툼하게 채 썰고 무는 나박 썰기, 대파는 어슷 썬다.

❸ 냄비에 다시마와 물 3컵, 나박 썬 무를 넣고 끓이다가 물이 바글바글 끓으면 다시마를 건져 낸다.

❹ ❸에 조기와 미리 섞어 둔 양념장을 넣고 끓인다. 국물이 끓어오르면 바지락, 명란젓, 양파를 넣어 거품을 걷어 가며 끓인다.

❺ 바지락이 입을 벌리면 대파와 쑥갓을 넣는다.

croaker hot fish stew

Tip

마트에서 파는 봉지 바지락이나 모시조개의 경우 해감이 거의 되어 있어 따로 해감을 하지 않고 깨끗한 물에 두세 번 헹구기만 하면 돼요. 해감이 필요한 경우 바지락은 옅은 소금물에, 모시조개는 바닷물 농도로 소금물을 만들어 30분~1시간 정도 담가 두세요. 해감할 때는 신문지를 덮거나 검은 비닐봉지를 씌워 어둡게 해 줘야 해감이 빨리 돼요. 조기 손질은 꼬리에서 머리쪽으로 칼을 세워 비늘을 긁어내고 배에 칼집을 넣어 내장을 빼 주세요. 조기 대신 굴비를 이용할 때는 양념장에 들어가는 소금을 뺀 뒤 마지막에 간을 봐 가며 부족한 간을 소금으로 맞추세요.

난이도
Easy

조리시간
10min

어울리는 술
소주 ★★★★★
맥주 ★★★★

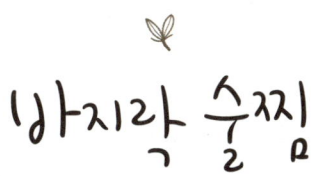

바지락 술찜

wine steamed manila clam

저는 고향이 부산이라 해산물을 많이 먹고 자랐고 친구들이나 가족과 술을 마실 때도 해산
물 안주는 늘 빠지지 않았죠. 조개에 들어있는 타우린 성분은 숙취를 예방, 해소하는 데 도
움을 줘요. 일본 드라마 〈심야식당〉에도 소개된 적 있는 바지락술찜은 탱글탱글한 조개를
발라먹고 나서 고소한 버터와 향긋한 와인이 어우러진 육수에 바게트를 찍어 먹어도 정말
맛있어요.

바지락

마늘

잔파

페페론치노   버터

Shopping List

재료 바지락 400g, 마늘 2쪽, 잔파 2뿌리, 페페론치노 5개, 버터 10g, 화이트와인 ⅔컵

How to make

❶ 바닷물 농도의 소금물에 바지락을 넣고 신문지나 검은 비닐봉지를 덮어 어둡게 만들어 두세 시간 정도 해감하고 체에 받쳐 물기를 뺀다.

❷ 마늘은 편으로 썰고 잔파는 송송 썬다.

❸ 팬에 버터를 녹인 후 마늘과 페페론치노를 넣어 향을 낸다.

❹ 마늘이 노릇하게 익으면 해감한 바지락을 넣고 살짝 볶은 다음 화이트와인을 넣어 끓인다.

❺ 바지락이 입을 벌리면 송송 썬 잔파를 뿌려 낸다.

Tip

바지락 대신 모시조개, 동죽, 비단조개 등 여러 가지 조개로도 만들어 보세요.
요리에 사용하는 화이트와인은 단맛이 적고 탄산이 없는 종류가 좋아요.

chapter 3

연인과
한잔

난이도
Easy

조리시간
15min

어울리는 술
맥주 ★★★★★
레드와인 ★★★★

베이컨드레싱 버섯 샐러드

bacon dressing mushroom salad

특별한 양념 없이 소금만 뿌려 구워도 맛있는 버섯과 신선한 채소에 짭짤한 베이컨을 넣어 만든 드레싱을 곁들이면 레스토랑 못지않은 샐러드를 만들 수 있어요. 채소를 손으로 뜯어서 만들어도 되지만 널찍한 접시에 로메인을 통으로 씻어 놓고 다른 재료들을 올려 주면 색다른 느낌의 샐러드가 됩니다.

로메인   양파   새송이버섯   팽이버섯   표고버섯   베이컨   양송이버섯   느타리버섯

Shopping List

재료 로메인 50g, 느타리버섯 30g, 새송이버섯 1개, 양송이버섯 4개, 표고버섯 1개, 팽이버섯 ½봉지

베이컨드레싱 베이컨 80g, 양파 ½개, 올리브오일 5, 설탕 1, 식초 3, 소금 · 후춧가루 약간씩

How to make

❶ 로메인은 흐르는 물에 깨끗이 씻은 후 물기를 제거한다.

❷ 느타리버섯은 가닥가닥 찢고 새송이버섯은 모양을 살려 편으로 썰고 양송이버섯은 2등분, 표고버섯은 채 썬다.
팽이버섯은 밑동을 잘라낸다.

❸ 달군 팬에 올리브오일을 두른 후 버섯을 넣어 노릇하게 굽는다.

❹ 베이컨은 잘게 썰어 달군 팬에 바삭하게 굽고 양파도 같이 넣어 양파가 투명해질 때까지 볶는다.

❺ 불을 끄고 미열이 남은 **❹**에 올리브오일과 설탕, 식초, 소금, 후춧가루를 넣고 고루 섞어 드레싱을 완성한다.

❻ 로메인과 구운 버섯을 접시에 담고 베이컨드레싱을 곁들인다.

bacon dressing
mushroom salad

Tip

베이컨드레싱은 불을 끈 채 팬에 남아 있는 열로 설탕을 녹이고 올리브오일과 베이컨에서 나온 기름을 잘
섞어야 맛있게 만들어져요. 노릇하게 구운 버섯과 함께 먹으면 좋고 껍질 벗긴 오렌지를 몇 조각 곁들여
도 맛있어요.

난이도
Easy

조리시간
20min

어울리는 술
맥주 ★★★★★
레드와인 ★★★★

하루마끼

— spring roll —

요리는 누군가와 함께할 때 색다른 즐거움이 있어요. 예전에 술안주 특강을 진행한 적이 있는데 이제 막 만나기 시작한 연인이 서로 이야기를 나누며 즐겁게 요리하는 모습이 너무 행복해 보이더라고요. 가끔은 가족, 친구, 연인과 함께 요리해 보세요. 상대의 새로운 매력을 발견할 수 있을 거예요.

춘권피

명란젓

생강즙

깻잎

닭 가슴살

Shopping List

재료 춘권피 10장, 닭 가슴살 100g, 깻잎 10장, 명란젓 50g, 다진 마늘 0.3 (생략 가능), 생강즙 0.3, 청주 0.5, 소금 두 꼬집, 후춧가루 약간, 물 또는 달걀물 약간, 식용유 약간

How to make

❶ 닭 가슴살은 얇게 저민 후 길게 썬다.

❷ 닭 가슴살에 생강즙, 청주, 소금, 명란젓, 다진 마늘, 후춧가루를 넣어 버무린다.

❸ 깻잎에 양념한 닭 가슴살을 올려 막대 모양으로 돌돌 만다.

❹ 춘권피를 마름모꼴로 놓고 가장자리에 물을 바른 후 ❸을 올려 돌돌 말아 양 끝부분을 꼭꼭 눌러 붙인다.

❺ 붓으로 식용유를 바르고 170℃로 예열한 오븐에 10분간 굽는다.

Tip

오븐이 없으면 160℃ 기름에 튀겨 드세요. 명란젓은 길게 칼집을 넣어 칼등으로 알을 긁어내서 사용하고
양념이 되지 않은 백명란젓으로 만드셔도 좋아요. 다진 마늘은 생략해도 맛있답니다.

난이도
Easy

조리시간
25min

어울리는 술
레드와인 ★★★★★
맥주 ★★★★

토마토 브루스케타

tomato bruschetta

쉽게 만들 수 있으면서 누구나 좋아하는 토마토 브루스케타. 토마토와 바질을 넣어 만드는 것이 가장 맛있지만 바질을 구하기 힘들 때는 깻잎을 이용해 만들어도 좋아요. 저는 상황에 따라 치즈, 새우, 아보카도, 버섯, 가지 등으로 브루스케타를 만들기도 해요.

치즈타임   참나물   바게트

방울토마토   양파   마늘

Shopping List

재료 바게트 ½개, 방울토마토 20개, 양파 30g, 깻잎1장 혹은 참나물 4잎,

치즈타임 페퍼잭치즈 10조각, 마늘 ½개, 올리브오일 3, 소금 0.3, 후춧가루 약간, 다진 마늘 0.3

How to make

❶ 바게트는 어슷하게 썬 다음 올리브오일을 듬뿍 두른 팬에 올려 노릇하게 굽는다.

❷ 구운 빵 표면에 마늘 단면을 비벼 향을 입힌다.

❸ 방울토마토는 둥근 모양을 살려 3~4등분하고 양파와 참나물은 잘게 다진다. 치즈도 비슷한 크기로 썬다.

❹ 볼에 방울토마토, 양파, 참나물, 치즈, 올리브오일, 소금, 후춧가루, 다진 마늘을 넣고 고루 섞은 후 ❷의 바게트 위에 올린다.

tomato bruschetta

Tip

브루스케타는 이탈리아에서 전채요리로 많이 먹어요. 만들기가 간편하고 특정 재료가 꼭 들어가야 하는
게 아니라 무엇이든 바게트 위에 올릴 수 있기 때문이에요. 구운 버섯, 가지, 새우 등을 올리면 색감까지
군침 흘리게 하지요. 빵은 시중에 판매하는 마늘바게트를 사용해서 만들어도 좋고 비스켓이나 식빵을 써
도 되는데 이때에는 토마토를 작게 다지는 게 먹기 편하답니다.

난이도
Hard

조리시간
90 min
육수 만드는 시간 포함
어울리는 술
사케 ★★★★★
소주 ★★★★

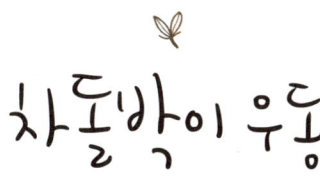

차돌박이 우동

beef udon

QR코드를 찍으면
만들기 동영상

예전에 우동을 정말 맛있게 먹은 적이 두 번 있어요. 그 두 가지 우동의 맛을 합쳐 만들어 봤습니다. 담백한 쇠고기육수와 부드러운 차돌박이, 달달하게 구워진 대파가 잘 어우러진 우동이에요. 추운 겨울 호호 불어가며 먹으면 특히 더 맛있어요.

차돌박이

쇠고기육수

우동면

대파

Shopping List

재료 우동 면 2개, 차돌박이 8장, 대파 30g, 소금 약간

쇠고기육수 쇠고기 양지 300g, 대파 50g, 마늘 5쪽, 통후추 10알, 물 3ℓ

육수 양념 국간장 1.5, 간장 0.3, 후춧가루 0.1

차돌박이 양념 간장 0.3, 미림 0.3, 통후추 약간

How to make

❶ 쇠고기 양지는 찬물에 담가 핏물을 뺀 후 냄비에 물 3ℓ, 마늘, 대파, 통후추와 함께 넣고 1시간가량 푹 끓인다.
국물이 푹 우러나면 고기는 건져 내고 육수는 체에 거른다.

❷ ❶의 육수에 육수 양념을 넣어 간을 맞춘다.

❸ 끓는 물에 우동 면을 넣고 젓가락으로 풀어 가며 삶은 후 물기를 털어 낸다.

❹ 대파는 큼직하게 어슷 썰고 차돌박이는 차돌박이 양념에 버무린다.

❺ 달군 팬에 대파와 차돌박이를 굽고 통후추를 갈아 넣는다.

❻ 그릇에 우동 면을 담고 차돌박이와 구운 대파를 얹은 후 뜨거운 육수를 붓는다.

beef udon

Tip

육수가 미리 준비되어 있으면 정말 간단하게 만들 수 있는 요리예요. 먹기 전에 통후추를 듬뿍 갈아 넣으면 더 맛있게 먹을 수 있어요. 후추가 과하다 싶을 만큼 많이 들어가야 제대로 맛이 나는 메뉴인데 후추 맛을 싫어하는 분이라면 기호에 맞게 양을 조절하세요.

난이도
Easy

조리시간
20min

어울리는 술
맥주 ★★★★★
레드와인 ★★★

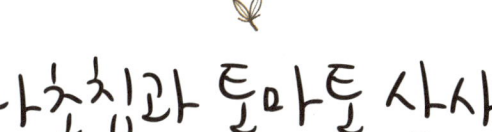

나초칩과 토마토 살사

nacho chips & tomato salsa

깨끗한 기름에 칩을 한 번 튀겨 내면 훨씬 바삭하고 고소해져요. 다른 튀김과는 다르게 나초 칩은 뜨거운 기름에 넣어도 보글보글 기포가 생기지 않아요. 그러니 이상하다 생각해서 기름 온도를 너무 높이지 말고 160℃ 정도의 기름에 5초만 튀기세요.

깻잎

토마토

할라피뇨   양파

Shopping List

재료 나초칩

토마토살사소스 토마토 3개, 양파 40g, 깻잎 2장, 할라피뇨 1개, 레몬즙 1, 핫소스 0.5,
토마토케첩 0.5

How to make

❶ 토마토는 꼭지를 제거하고 윗부분에 열십자로 칼집을 낸 후 끓는 물에 살짝 데친다.

❷ 데친 토마토는 찬물에 담갔다가 꺼내 껍질을 벗긴다.

❸ 껍질을 벗긴 토마토는 4등분하고 가운데 씨부분을 잘라낸다.

❹ 토마토 과육을 사방 0.5㎝ 크기로 자른다.

❺ 양파와 할라피뇨, 깻잎은 잘게 다진 다음 토마토, 레몬즙, 핫소스, 토마토케첩과 골고루 섞어 소스를 만든다.

Tip

토마토는 방울토마토를 사용해도 돼요. 할라피뇨가 없을 땐 청양고추로 대체하세요. 양파의 매운맛이 싫으면 다진 양파를 찬물에 10분 정도 담갔다가 물기를 빼서 사용하면 매운맛이 사라져요.
토마토살사소스는 미리 만들어 1시간 정도 냉장고에 차게 뒀다 먹어야 더 맛있어요. 생선요리나 빵과 함께 곁들여도 좋으니 넉넉히 만들어 두면 유용해요.

난이도
Normal

조리시간
20 min

어울리는 술
레드와인 ★★★★★
스파클링 와인 ★★★★

불고기 크림파스타

— bulgogi cream pasta —

부드럽고 고소한 크림소스가 자칫 느끼할 수 있어 페페론치노를 넉넉하게 넣어 칼칼한 맛
을 더했어요. 쇠고기 대신 닭 가슴살이나 소시지를 넣어 만들어도 좋아요. 완성된 파스타에
피자치즈를 올려 오븐에서 치즈를 녹여 주거나 뚜껑을 덮고 약한 불로 치즈를 녹여 먹어도
맛있어요.

쇠고기 불고기감 / 우유 / 펜네 파스타 / 양송이버섯 / 새송이버섯 / 마늘 / 페페론치노 / 생크림

Shopping List

재료 펜네 파스타 200g, 쇠고기 불고기감 100g, 페페론치노 5개, 양송이버섯 2개, 새송이버섯 ½개,
마늘 2쪽, 올리브오일 3, 생크림 150㎖, 우유 50㎖, 그라나 파다노치즈 간 것 2, 면 삶은 물 ⅓컵

고기 양념 간장 1, 청주 0.5, 참기름 0.3, 후춧가루 약간

How to make

❶ 쇠고기 불고기는 키친타월로 눌러 핏물을 제거한 후 잘게 썬다. 양념을 넣고 버무려 간이 배게 둔다.
　양송이버섯과 새송이버섯은 편으로 썬다.
　파스타는 팔팔 끓인 10%의 소금물에 10분간 삶아 둔다.

❷ 달군 팬에 올리브오일을 두르고 편으로 썬 마늘을 넣어 향을 낸 다음 양송이버섯, 새송이버섯을 넣어 노릇하게 굽는다.

❸ 버섯이 노릇하게 익으면 양념한 쇠고기와 페페론치노를 잘라 넣고 젓가락으로 고기를 풀어 가며 볶다가
　우유와 생크림, 면 삶은 물을 부어 끓인다.

❹ 우유와 생크림이 졸아들면 삶은 면을 넣고 2분간 졸인 다음 그라나 파다노치즈를 뿌려 낸다.

Tip

파스타는 물이 팔팔 끓을 때 물 양의 10%에 해당하는 소금과 함께 면을 넣어 포장지에 적힌 시간보다
2분 덜 삶아야 적당해요. 페페론치노 대신 청양고추를 넣어도 괜찮아요.

난이도
Easy

조리시간
10min

어울리는 술
화이트와인 ★★★★★
맥주 ★★★★

새우갈릭 로스트

garlic roasted shrimp

QR코드를 찍으면
만들기 동영상

이건 정말 먹어보는 사람마다 엄지를 치켜드는 메뉴에요. 재료가 간단하고 만드는 방법은 더 간단해 어떤 자리에서도 자신 있게 만들 수 있어요. 매콤하고 고소한 소스가 빵으로 설거지를 하게 만든답니다. 이 레시피에서 가장 중요한 점은 냉동 새우를 사용할 경우 완전히 해동해서 물기를 없애야 한다는 거예요.

새우살

가염버터

다진 마늘

크러쉬드레드페퍼

Shopping List

재료 새우살 280g, 크러쉬드레드페퍼 1, 다진 마늘 0.5, 올리브오일 3, 가염버터 20g, 소금 0.3,

화이트와인이나 맛술 1, 파슬리가루 약간

How to make

❶ 새우살은 완전히 해동시킨 후 물기를 제거한다.

❷ 팬에 올리브오일, 버터, 다진 마늘, 크러쉬드레드페퍼를 넣고 마늘향이 나도록 중간 불에서 볶는다.

❸ ❷에 새우살, 소금, 화이트와인을 넣고 센 불로 재빨리 익힌 다음 파슬리가루를 뿌려 낸다.

garlic roasted shrimp

Tip

크러쉬드레드페퍼는 굵게 분쇄한 매운 건고추로, 소스를 만들거나 육류, 해산물 등의 요리에 매운맛을 낼 때 사용하는 향신료예요. 대형마트나 인터넷 쇼핑몰에서 구입할 수 있어요.

바게트나 호밀빵에 새우를 올려 먹거나 소스에 빵을 찍어 먹어도 맛있어요.

난이도
Normal

조리시간
15min

어울리는 술
레드와인 ★★★★★
맥주 ★★★★

주키니 버섯 파스타

zucchini mushroom pasta

늦잠 자도 되는 주말 브런치로도 좋고 간단하게 와인이나 맥주를 마실 때 요기도 되고 안주
도 되는 파스타예요. 이 레시피에서 가장 중요한 재료는 표고버섯과 마늘. 버섯과 마늘의 향
이 어우러져야 맛있어요. 파스타를 접시에 담고 치즈를 듬뿍 갈아서 올린 후 돌돌 말아 먹으
면 세상 부러울 것이 없지요.

주키니호박

새송이버섯

표고버섯

파스타

Shopping List

재료 주키니호박 70g, 새송이버섯 40g, 표고버섯 2개, 파스타 180g, 굵은 소금 10g,

올리브오일 5, 마늘 3쪽, 소금 0.3, 통후추 약간

How to make

❶ 주키니호박은 2㎜ 정도 두께로 채 썬다. 새송이버섯도 비슷한 크기로 썬다.

❷ 표고버섯은 기둥을 제거하고 편으로 얇게 썬다. 마늘은 3조각으로 자른다.

❸ 끓는 물 1ℓ에 굵은 소금 10g을 넣고 파스타 면을 약 7분간, 알덴테로 삶는다.

❹ 달군 팬에 올리브오일을 두르고 자른 마늘을 넣어 향을 내다가 주키니호박과 새송이버섯, 표고버섯을 넣고 소금 0.3을 더해 볶는다.

❺ ❹에 삶은 파스타와 파스타 삶은 물 ¼컵을 부어 물과 올리브오일이 잘 어우러지도록 볶다가 통후추를 갈아 넣는다.
　따뜻한 접시에 담아내고 위에 올리브오일을 살짝 더 뿌려 줘도 좋다.

zucchini mushroom pasta

Tip

파스타를 삶을 때 겉은 익고 속에는 하얀 심이 보이는 상태가 가장 맛있는데 이를 '알덴테'라고 해요. 파스타은 어떤 재료를 넣든 맛이 나기 때문에 오징어, 새우, 베이컨 등 냉장고에 있는 재료를 더해서 풍성한 맛을 즐겨 보세요. 표고버섯은 마른 표고버섯을 미지근한 물에 불려서 사용하면 향이 더욱 좋아요. 그리고 면 삶은 물 대신 닭육수나 해물육수를 사용하면 훨씬 깊은 맛을 낼 수 있어요.

난이도
Normal

조리시간
25 min

어울리는 술
맥주 ★★★★★
레드와인 ★★★★

햄버그스테이크와 카레소스

— hamburger steak & curry sauce —

햄버그스테이크는 술안주가 아니더라도 반찬으로 활용하거나 빵만 준비되면 그대로 빵에 넣어 버거로 만들어 먹어도 좋아요. 오사카의 유명한 함박스테이크집에 가니 앞뒤로 노릇하게 구운 걸 은박지에 싼 후 오븐에서 속까지 익도록 한 번 더 구워 육즙이 가득하더라고요. 먹을 때 은박지를 터뜨려 먹는 재미도 있고요. 팬 뚜껑이 없으면 은박지를 활용해 보세요.

다진 쇠고기 / 빵가루 / 버터 / 다진 마늘 / 양파 / 카레가루 / 달걀

Shopping List

재료 다진 쇠고기 200g, 양파 70g(½개), 버터 5g, 다진 마늘 1, 카레가루 0.3, 간장 0.5, 빵가루 1,
A1 스테이크소스(시판용) 0.5, 후춧가루 약간, 달걀 2개

카레소스 버터 5g, 양파 50g, 물 ½컵, 카레가루 1.5, 다진 마늘 0.5, 고춧가루 0.3

How to make

❶ 다진 쇠고기는 키친타월로 눌러 핏물을 제거한다.

❷ 양파는 잘게 다진 후 달군 팬에 버터를 녹여 볶는다. 노릇하게 익으면 접시에 펼쳐서 식힌다.

❸ 볼에 다진 쇠고기와 볶은 양파, 다진 마늘, 카레가루, 간장, 빵가루, A1소스, 후춧가루를 넣고 주물러 반죽한다.

❹ 반죽이 한 덩어리로 뭉쳐지면 볼에 5~6번 정도 내리친다.

❺ 반죽을 4등분으로 나누고 동그랗게 모양을 빚은 다음 팬을 달구어 앞뒤로 노릇하게 굽는다. 뚜껑을 덮고 불을 줄여 속까지 익힌다.

❻ 고기를 익힌 팬에 버터와 양파를 넣어 볶다가 나머지 카레소스 재료를 넣고 살짝 끓여 낸다.
접시에 고기 패티와 카레소스를 담고 달걀프라이를 얹어 낸다.

hamburger steak & curry sauce

Tip

고기 반죽을 너무 많이 치대면 끈기가 많이 생겨 모양을 만들고 굽기에는 좋지만 구워서 먹었을 때 퍽퍽
할 수 있어요. 패티 모양을 만들어 구울 때 자주 뒤집지 말고 중약불에서 노릇하게 구운 후 뚜껑을 덮어
약한 불에서 익히거나 오븐에 넣어 속까지 익혀 주는 게 좋아요.
카레소스는 약간 묽게 만들고 반숙한 달걀을 얹어 먹으면 더욱 맛있어요.

난이도
Easy

조리시간
20min

어울리는 술
맥주 ★★★★★
레드와인 ★★★★
화이트와인 ★★★★

명란 감자 그라탱

spawn of a pollack potato gratin

평일에 열심히 일하고 편안하게 쉬는 주말, 고소한 우유에 삶은 감자와 명란젓으로 영양 가득한 그라탱을 만들어 보세요. 야식으로도 안주로도 손님 초대할 때도 정성스럽게 만들어 내놓을 수 있는 요리예요. 우유를 섞은 물에 감자를 삶으면 감자가 고소하고 부드러워 정말 맛있어요.

피자치즈
버터
명란젓
잔파
생크림
감자
우유

Shopping List

재료 감자 400g, 명란젓 50g(1쌍), 피자치즈 100g, 생크림 60㎖, 버터 5g, 우유 300㎖,

물 ½컵, 잔파 3뿌리

How to make

❶ 감자는 껍질을 벗겨 한입 크기로 나박 썰고 잔파는 송송 썬다.

❷ 냄비에 우유와 물을 붓고 썰어 둔 감자를 넣어 중간 불에서 익힌 후 건진다.

❸ 명란젓은 칼집을 내어 껍질 속의 알만 긁어내 생크림과 섞는다.

❹ 그라탱 그릇에 버터를 바르고 익힌 감자 – 명란크림 – 피자치즈 – 잔파 – 감자 – 명란크림 – 피자치즈 – 잔파 순으로 담아 200℃로 예열된 오븐에 12분간 굽는다.

spawn of a pollack potato
gratin

Tip

감자를 센 불에서 익히면 우유가 끓어 넘칠 수 있으니 주의하세요. 그릇에 바르는 버터는 올리브오일로
대체하거나 생략해도 되지만 버터를 바르면 풍미가 훨씬 좋아요. 짭조름하고 고소해서 술을 부르는 메뉴
랍니다.

난이도
Easy

조리시간
5 min

어울리는 술
레드와인 ★★★★★
화이트와인 ★★★★★
스파클링 와인 ★★★★

토마토 페타치즈 샐러드

tomato feta cheese salad

페타치즈는 양유로 만든 치즈로 그리스에서는 테이블에 두고 식사 내내 즐기기도 하는데
숙성과 압착 과정이 없는 그리스 대표 신선치즈예요. 소금물에 담긴 채 유통이 돼서 짜고 신
맛도 있어요. 완숙 토마토를 듬성듬성 잘라 넣어도 페타치즈와 궁합이 좋답니다.

토마토

페타치즈

어린잎 믹스

Shopping List

재료 토마토 2개, 페타치즈 35g, 어린잎 믹스 30g

드레싱 레몬즙 ½개 분량, 설탕 0.5, 허브솔트 0.3, 올리브오일 3

How to make

❶ 토마토는 4등분 하고 분량의 드레싱 재료를 순서대로 섞어 드레싱을 만든다.

❷ 어린잎은 찬물에 흔들어 씻어 체에 밭쳐 물기를 뺀다.

❸ 접시에 토마토, 어린잎을 예쁘게 담고 페타치즈를 포크로 긁거나 손으로 조금씩 뜯어 올린 후 드레싱을 뿌린다.

Tip

페타치즈 외에도 고다치즈나 모차렐라치즈, 또는 벨큐브, 과일치즈 등으로 바꿔 사용해도 좋아요. 토마토
는 대추방울토마토나 짭짤이토마토로 만들어도 맛있어요.

chapter 4

손님을 위한
한잔

난이도
Easy

조리시간
25 min

어울리는 술
맥주 ★★★★★
스파클링 와인 ★★★

홀그레인 포테이토

wholegrain potato

감자는 삶아도 구워도 쪄도 튀겨도 맛있는 식재료예요. 토실토실한 알감자를 껍질째 깨끗이 씻어 한 번 데쳐낸 후 오븐에 굽고 홀그레인소스를 뿌리면 스테이크, 치킨 등의 사이드메뉴로도 좋고 그 자체만으로도 훌륭한 안주가 돼요. 조금 더 풍성하게 즐기려면 브로콜리나 껍질콩 등을 살짝 데쳐 넣고 맛살이나 치킨 등을 구운 감자와 함께 홀그레인소스에 버무려 드세요.

잔파

알감자

홀그레인머스터드

Shopping List

재료 알감자 500g, 올리브오일 2, 후춧가루 약간, 소금 0.3, 잔파 2뿌리

홀그레인소스 홀그레인머스터드 1, 마요네즈 2, 식초 1, 꿀 1

How to make

❶ 알감자는 솔로 문질러 표면의 흙을 깨끗이 씻는다.

❷ 냄비에 알감자를 넣고 자작하게 잠길 정도로 물을 부은 다음 소금 0.3을 넣어 5분간 삶는다.

❸ 삶은 감자는 체에 담아 물기를 뺀 후 올리브오일과 후춧가루를 넣고 버무려 150℃ 오븐에 10분간 굽는다.

❹ 감자가 구워지는 동안 홀그레인소스 재료를 섞어 소스를 만들고 잔파를 송송 썬다.
    구워진 감자를 접시에 담고 홀그레인소스를 뿌린 후 썰어 둔 잔파를 솔솔 뿌려 낸다.

Tip

알감자가 없으면 큰 감자를 먹기 좋은 크기로 잘라 사용하세요. 홀그레인소스는 닭고기 요리와도 잘 어울려요.

난이도
Normal

조리시간
30min

어울리는 술
소주 ★★★★★
막걸리 ★★★★

굴나베

oyster pot

겨울엔 뜨끈하고 시원한 국물에 소주 한 잔이 최고죠. 탱글탱글 신선한 굴을 듬뿍 넣고 끓인
국물 한 수저는 그날의 피로를 한방에 날려버리기에 충분해요. 원기를 북돋워 주는 부추와
쑥갓도 듬뿍 넣어 드세요. 힘이 불끈불끈 솟고 술이 술술 넘어갈 거예요.

알배기 배춧잎

표고버섯

부추

쑥갓

굴

대파

팽이버섯

Shopping List

재료 굴 300g, 알배기 배춧잎 3장, 팽이버섯 60g, 표고버섯 2개, 대파 30g, 부추 40g, 쑥갓 20g

다시마육수 다시마 5×5cm 길이 1장, 물 3컵

양념장 미소된장 2, 두반장 1, 맛술 0.5, 다진 마늘 0.3

How to make

❶ 냄비에 물 3컵을 담고 다시마를 10분간 담갔다가 불에 올려 끓인다. 끓기 시작하면 바로 불을 끄고 다시마를 건져 낸다.

❷ 굴은 연한 소금물에 흔들어 씻은 후 체에 받쳐 물기를 제거한다.

❸ 배춧잎은 한입 크기로 썰고 팽이버섯은 밑동을 자른다. 표고버섯은 밑동을 자르고 모양을 살려 두툼하게 썬다.

❹ 대파는 어슷 썰고 부추는 4㎝ 길이로 썬다.

❺ 넓적한 냄비에 굴을 제외한 재료를 돌려 담고 육수를 부어 끓인다.

❻ 육수가 끓으면 양념장과 굴을 넣고 한소끔 더 끓인다.

oyster pot

Tip

굴은 오래 끓이면 크기가 줄어들고 질겨져 맛이 없어요. 채소가 익은 후 굴을 넣고 잠시 익혀야 해요. 더 칼칼한 맛을 원하면 청양고추를 송송 썰어 넣으세요. 손님상에 낼 때는 워머나 휴대용 가스레인지에 올려 따뜻하게 데워 가며 먹으면 제 맛을 즐길 수 있어요. 채소와 굴을 건져 먹은 후 남은 국물에 칼국수나 수제비를 넣고 끓이면 든든한 한 끼가 되지요.

난이도
Easy

조리시간
40min

어울리는 술
화이트와인 ★★★★★
맥주 ★★★★

QR코드를 찍으면
만들기 동영상

케이퍼 흰살생선구이

roasted caper white fish

요리 내공이 엄청난 주부님들을 대상으로 하는 쿠킹클래스에서 소개했다가 반응이 좋았던
메뉴예요. "늘 생선전으로만 부쳐 먹던 대구포를 이렇게 근사하게 먹을 수 있네요~" 하며
그릇을 싹싹 비우시더라고요. 생선은 대구포, 동태포 등 흰살생선을 쓰면 되는데 냉동 상태
의 생선은 완전히 해동해서 키친타월로 눌러 물기를 충분히 제거하고 요리하세요.

흰살생선포

방울토마토

마늘

레몬　　케이퍼

Shopping List

재료 흰살생선포 350g, 방울토마토 250g, 레몬1개, 마늘 5쪽, 케이퍼 20g, 올리브오일 6,

소금 0.3, 후춧가루 약간, 레몬즙 ½개 분량

How to make

❶ 오븐 사용이 가능한 넓은 그릇에 방울토마토, 레몬제스트(레몬 1개 분량), 마늘, 물에 헹군 케이퍼를 담은 후 올리브오일 4큰술을 넣어 180℃로 예열한 오븐에 20분간 굽는다.

❷ 흰살생선포는 냉동 제품일 경우 완전히 해동시킨 후 키친타월로 닦아 물기를 없애고 소금, 후춧가루로 간한다.

❸ ❶에 밑간한 생선포를 올리고 180℃ 오븐에 15~18분간 노릇하게 구운 후 레몬즙(½개 분량)을 뿌린다.

Tip

케이퍼는 찬물에 한 번 헹궈서 사용하세요. 방울토마토는 대추방울토마토를 사용하면 단맛이 강해서 더
좋아요. 레몬제스트는 쿠키나 머핀 등 베이킹에서부터 요리, 음료 등 다양한 곳에 쓰이는데요. 레몬의 껍
질을 가루처럼 가늘고 얇게 벗겨낸 것을 말해요. 껍질을 이용하는 만큼 레몬을 소금으로 깨끗하게 씻어서
사용하세요.

난이도
Easy

조리시간
15min

어울리는 술
맥주 ★★★★★
레드와인 ★★★★

자숙문어튀김과 바질소금

fried octopus & basil salt

우리나라에서는 문어를 살짝 데쳐 쫄깃쫄깃하게 먹지만 이탈리아에서는 낮은 온도에 장시간 푹 익혀서 부드럽게 먹는다고 해요. 싱싱한 문어는 밀가루나 소금을 넣고 바락바락 문질러 씻어 팔팔 끓는 물에 살짝 데치기만 해서 먹어도 쫄깃하고 맛있지요. 싱싱한 문어를 한마리 구입하면 양도 많고 가격이 비싼 데다 손질하는 과정이 번거로우니 자숙문어를 구입하는 것이 경제적이랍니다.

튀김가루와 파슬리가루

얼음물

자숙문어

말린 바질

라임

Shopping List

재료 자숙문어 200g, 밀가루 또는 튀김가루 2, 소금 0.5, 말린 바질 0.5, 라임 ½개

튀김옷 튀김가루 4, 얼음물 6, 파슬리가루 0.3

How to make

❶ 자숙문어는 한입 크기로 자른 후 밀가루 옷을 얇게 입힌다.

❷ 튀김가루와 얼음물, 파슬리가루를 대충 섞어 튀김옷을 만든다.

❸ ❶의 문어에 튀김옷을 입히고 180℃ 기름에 노릇하게 튀겨 낸다.

❹ 소금과 말린 바질을 절구에 함께 갈아 바질소금을 만들어 곁들인다.

fried octopus & basil salt

Tip

먹기 바로 전에 라임을 짝 뿌려 줍니다. 자숙문어는 이미 삶아서 냉동시킨 상태라 오래 튀길 필요 없이 튀김옷만 노릇하게 익으면 바로 건져 내세요. 오래 튀길수록 문어가 질겨지고 수분이 빠져나와 기름이 튈 수도 있어요. 바질소금은 로즈마리, 타임, 파슬리가루 등 여러 종류의 허브를 섞어서 만들 수도 있어요.

난이도
Normal

조리시간
20min

어울리는 술
화이트와인 ★★★★★
맥주 ★★★

깻잎 치즈 샌드위치

— perilla leaf cheese sandwich —

저녁을 먹은 후 출출해질 시간에 찾아온 손님이라면 메인 안주 외에 간단하게 요기가 될 수
있는 샌드위치를 곁들이는 센스를 발휘해 보세요. 재료를 미리 준비해 두었다가 손님 올 시
간에 맞춰 따뜻하게 먹을 수 있게 하는 것이 포인트예요.

곡물빵
슬라이스 체다치즈
피자치즈
옐로머스터드
베이컨
버터
깻잎
김치

Shopping List

재료 부드러운 식빵이나 곡물빵 4장, 깻잎 6장, 슬라이스 체다치즈 2장, 익은 배추김치 2장,
버터 5g, 피자치즈 100g, 베이컨 3장, 옐로머스터드 약간

How to make

❶ 깻잎은 꼭지를 잘라내고 흐르는 물에 깨끗이 씻어 물기를 제거한다.

❷ 익은 배추김치는 흐르는 물에 양념을 씻어 내고 물기를 꼭 짠다.

❸ 달군 팬에 베이컨을 바삭하게 굽는다.

❹ 빵 한쪽 면에 버터를 펴 바른 다음 깻잎 – 슬라이스 치즈 – 깻잎 – 씻은 김치 – 깻잎 – 베이컨 – 피자치즈 순서로 올린다. 마지막으로 옐로머스터드를 약간 뿌리고 버터를 바른 빵을 덮은 후 달군 그릴팬에 올려 굽는다. 샌드위치 위에 무거운 냄비나 도마를 올려 그릴 자국이 나게 굽는다.

perilla leaf cheese sandwich

Tip

익은 배추김치는 양념이 묻은 그대로 넣으면 김치 양념 맛이 너무 강해요. 흐르는 물에 씻어 물기를 꼭 짠
후 넣어 주세요. 그릴팬이 없으면 프라이팬에 구워도 좋고, 170℃ 오븐에 5분 정도 굽는 방법도 있어요.

난이도
Normal

조리시간
70 min

어울리는 술
글루바인 ★★★★★
레드와인 ★★★★
사케 ★★★

오븐로스트 치킨

oven roasted chicken

QR코드를 찍으면
만들기 동영상

음식 촬영을 자주 하니 맛있는 음식을 많이 먹을 수 있겠다 싶지만 촬영하는 사이 음식이 식거나 굳어 버리기 일쑤죠. 언젠가 마침 냉장고에 닭이랑 여러 자투리 채소가 있어 스텝들을 위해 대충 후닥닥 만들었는데 정말 맛있게 먹었던 메뉴예요. 오븐에서 무려 한 시간을 익히는데 겉은 바삭하고 속살은 정말 촉촉해요.

주키니호박 · 파프리카 · 닭 · 월계수 잎 · 생로즈마리&타임 · 당근 · 레몬 · 양파

Shopping List

재료 닭 1마리, 빨강 · 노랑 · 초록 파프리카 1개씩, 당근 ½개, 주키니호박 ⅓개, 양파 1개, 레몬 ½개, 월계수 잎 3장, 올리브오일 6, 생로즈마리 · 타임 조금씩(없으면 생략)

허브소금 소금 0.8, 말린 바질 0.3, 말린 타임 0.3

How to make

❶ 파프리카, 당근, 주키니호박, 양파는 사방 2㎝ 정도로 큼직하게 썰어 올리브오일 3스푼, 허브소금 절반을 넣어 섞는다.

❷ 닭은 목 주위, 꼬리 부분의 기름기를 제거하고 깨끗하게 씻는다.

❸ 목 부분 껍질 안쪽으로 월계수 잎을 가슴쪽과 등쪽에 나누어 넣고 허브소금 절반 분량, 올리브오일 3스푼을 닭 껍질쪽에 마사지하듯 문질러 바른다.

❹ 오븐에 사용할 수 있는 냄비에 채소를 깔고 마사지한 닭을 넣은 후 레몬을 반으로 잘라 넣고 생로즈마리, 타임을 뿌린다. 뚜껑을 덮어 200℃로 예열된 오븐에 30분간 구운 후 뚜껑을 열고 30분간 더 굽는다.

oven roasted chicken

Tip

채소는 냉장고에 있는 것들로 어떤 것이든 큼직하게 썰어서 넣으면 돼요. 요리가 완성되고 나면 닭보다 아래에 깔린 채소가 더 젓가락질이 많이 가니 듬뿍 넣어 주세요. 레몬이 들어가 약간 새콤한 맛이 나면서 레몬 향이 올라와 식욕을 자극해요. 다른 채소들은 생략하거나 대체해도 상관없지만 레몬은 절대 생략하지 마세요. 레몬이 빠지면 전혀 다른 맛이 나요. 따뜻하게 데운 사케, 원기회복이나 감기 예방을 위해 약으로 먹었다는 글루바인, 뱅쇼 같은 술과 함께 먹으면 좋아요.

난이도
Easy

조리시간
15min

어울리는 술
맥주 ★★★★★
소주 ★★★★

반건조 오징어 조림

—— half dried squid boiled in spiced soy sauce ——

반건조 오징어는 버터와 땅콩버터를 섞어 버터구이로 해 먹어도 맛있지만 매운 고추 송송
썰어 넣고 고소하게 졸여 내면 밥반찬으로도, 간식으로도, 안주로도 좋아요.

무

반건조 오징어

버터

청양고추   마늘

Shopping List

재료 반건조 오징어 1마리, 버터 20g, 마늘 8쪽, 청양고추 2개, 무 100g, 간장 2, 맛술 3, 물 3,
올리고당 1

How to make

❶ 반건조 오징어는 물에 살짝 불려 촉촉한 상태로 준비하고 입을 잘라낸다.

❷ 몸통의 뼈를 제거하고 막대 모양으로 자른다.

❸ 무는 한입 크기로 썬 다음 모서리를 둥글게 깎고 청양고추는 어슷하게 썬다.

❹ 팬에 버터를 녹인 후 통마늘과 무를 넣어 약한 불에서 튀기듯 익힌다.

❺ 마늘과 무가 익으면 오징어를 넣고 간장, 맛술, 물, 올리고당을 넣는다.

❻ 오징어가 익으면 마지막으로 청양고추를 넣고 불을 끈다.

half dried squid boiled in spiced soy sauce

Tip

반건조 오징어는 스프레이로 물을 좀 뿌리거나 물에 불려 촉촉한 상태로 준비하세요. 오징어는 오래 졸이면 딱딱해질 수 있으니 무와 마늘이 다 익으면 오징어와 양념장을 넣고 부드럽게 익혀 주세요. 무는 너무 두껍게 썰면 익는 데 시간이 오래 걸려요. 0.5㎝ 정도로 썰어 졸이면 마늘과 비슷한 속도로 익는답니다.

난이도
Easy

조리시간
15min

어울리는 술
맥주 ★★★★★
소주 ★★★★

흑임자드레싱 우엉 샐러드

black sesame dressing burdock salad

우엉에 함유된 이눌린 성분이 신장 기능을 좋게 해 이뇨작용에 효과가 있고 식이섬유가 풍부해 변비에도 좋다고 해요. 간의 독소를 제거해 피를 맑게 하니 피부에도 좋아요. 우엉의 아린 맛을 빼기 위해 식초를 넣은 끓는 물에 살짝 데친 후 식혀서 사용해 주세요.

우엉채

청피망

흑임자

양파   당근

Shopping List

재료 손질된 우엉채 100g, 당근 60g, 청피망 50g

드레싱 흑임자 3, 마요네즈 4, 식초 1, 꿀 1, 간장 1, 소금 약간

How to make

❶ 우엉채는 흐르는 물에 헹구고 4㎝ 길이로 자른다.

❷ 당근과 청피망도 같은 길이로 채 썬다.

❸ 끓는 물에 우엉채를 30초, 당근은 20초간 데쳐 내어 식힌다.

❹ 블렌더에 드레싱 재료를 넣고 갈아 드레싱을 만든 다음 식힌 우엉채, 당근, 청피망을 넣고 섞는다.

black sesame dressing
burdock salad

Tip

우엉은 손질된 우엉채를 구입하면 편하지만 우엉대를 사다가 직접 손질해서 사용하면 더 신선한 향과 맛을 즐길 수 있어요. 직접 손질할 때는 필러로 껍질을 벗긴 후 4㎝로 토막 내어 채 썰어요. 우엉은 갈변하기 쉬운데 식초를 한두 방울 떨어뜨린 물에 담가 두면 색이 변하는 걸 방지할 수 있어요.
드레싱은 넉넉하게 만들어 두었다가 샤브샤브소스 또는 샐러드 드레싱으로 활용하세요.

난이도
Normal

조리시간
15min

어울리는 술
맥주 ★★★★★
소주 ★★★★

오코노미야끼

okonomiyaki

가츠오부시를 반죽에 넣으면 오코노미믹스 제품을 쓰지 않아도 감칠맛 나는 반죽을 만들 수 있어요. 마를 갈아 넣으면 더 부드럽고 촉촉하게 만들 수 있고 베이컨, 삼겹살을 올려 구우면 훨씬 맛있어요. 많은 양을 만들어야 할 경우에는 한꺼번에 재료와 반죽을 섞지 말고 조금씩 나누어 섞는 것이 좋아요. 반죽을 만들어 두면 물이 생겨서 질척거리거든요.

가츠오부시　양배추　잔파　오징어　달걀　새우살　양파　양송이버섯　옥수수

Shopping List

재료 (지름 15cm 3장 분량) 양배추 150g, 양송이버섯 3개, 오징어 130g, 새우살 60g, 잔파 2뿌리, 캔옥수수 20~30g, 소금 · 후춧가루 약간씩

반죽 부침가루 1컵, 물 ⅓컵, 가츠오부시 2g

토핑 가츠오부시, 마요네즈, 오코노미야끼소스나 돈가스소스

How to make

❶ 양배추는 작게 채 썰고 양송이버섯은 얇게 모양을 살려 썰고 실파는 송송 썬다.

❷ 오징어는 배쪽에 칼집을 넣어 한입 크기로 자르고 새우는 엄지손톱 크기로 썬다.

❸ 볼에 양배추, 양송이버섯, 오징어, 새우살, 부침가루, 옥수수, 물을 넣고 가츠오부시를 손으로 부셔 넣고 섞어 반죽을 만든다.

❹ 달군 팬에 식용유를 두르고 ❸의 반죽을 두툼하게 떠 넣어 중약불에서 앞뒤로 4분씩 구운 다음 약한 불에서 앞뒤로 2분씩 더 굽는다.
오코노미야끼소스와 마요네즈를 뿌리고 가츠오부시를 올려 마무리한다.

okonomiyaki

Tip

마요네즈 1 : 핫소스 0.5 : 올리고당 0.3 의 비율로 섞은 양념장에 찍어 먹으면 더 깔끔한 맛을 즐길 수 있어요. 반죽을 팬에 떠 놓을 때 꾹꾹 누르지 마세요. 모양을 잡고 윗면을 정리한 후 뒤집고 나서도 누르지 마세요. 반죽 사이사이에 공기가 없어져 두툼한 반죽이 속까지 제대로 안 익을 수 있어요.

난이도
Hard

조리시간
40min

어울리는 술
레드와인 ★★★★★
맥주 ★★★★

흑초 등갈비 조림

black vinegar back rib boiled down in soy sauce

QR코드를 찍으면
만들기 동영상

여러 사람이 북적북적 모일 때는 손가락 쪽쪽 빨아가며 발라 먹는 등갈비가 분위기를 더 좋게 해요. 바비큐립과는 달리 흑초소스에 푹 졸여서 상큼하고 쫄깃합니다. 흑초소스에 와인을 약간 넣으면 흑초와 와인의 향이 어우러져 풍부하고 깊은 맛을 낼 수 있어요.

돼지 등갈비

흑초

통후추

대파   마늘

Shopping List

재료 돼지 등갈비 500g, 마늘 4쪽, 대파 30g, 통후추 10알

소스 흑초 150㎖, 간장 5, 맛술 2, 레드와인 100㎖, 올리고당 2

How to make

❶ 등갈비는 찬물에 1시간 이상 담가 핏물을 뺀다. 웍(중국식 프라이팬)이나 냄비에 통마늘, 대파, 통후추를 넣고 찬물을 부어 끓인다.

❷ ❶에 핏물 뺀 등갈비를 넣고 20분간 삶은 후 건져 흐르는 물에 깨끗하게 씻는다.

❸ 냄비에 분량의 소스 재료를 넣고 바글바글 끓으면 등갈비를 넣어 중약불로 소스를 끼얹어 가며 윤이 나게 졸인다.

black vinegar back rib
boiled down in soy sauce

Tip

졸일 때 불이 너무 세면 등갈비에 소스가 스며들기도 전에 타버릴 수 있으니 중약불에서 소스를 끼얹어 가며 은근하게 졸여 주세요.

등갈비를 잘라서 졸이면 시간도 단축할 수 있고 소스가 더 골고루 배어 맛있어요. 소스가 다 졸여진 후 마지막으로 핫소스 ½큰술을 넣으면 매콤해서 더욱 입맛을 당겨요.

난이도
Easy

조리시간
15min

어울리는 술
맥주 ★★★★★
소주 ★★★★

시사모 튀김

— fried sisamo —

알을 품은 시사모는 고소하고 비린내가 없어 꼬치에 꿰어 숯불에 굽거나 석쇠에 올려 구워
먹어도 맛있고, 또 칼칼하게 고춧가루 양념해서 기름에 튀겨도 좋아요. 아이들 영양식으로
도 좋은데 생선 통째로 먹이기 부담스럽다면 춘권피에 말아 튀겨 보세요.

 시사모

라임

Shopping List

재료 냉동 시사모 15마리, 식용유 1, 고춧가루 0.3, 라임즙이나 레몬즙 0.5, 소금 0.3

How to make

❶ 냉동 시사모는 완전히 해동시킨 후 수분을 제거하고 머리를 잘라낸다.

❷ 볼에 시사모와 식용유, 고춧가루, 라임즙, 소금을 넣어 버무린다.

❸ 프라이팬에 식용유를 1㎝ 정도 높이로 넉넉히 부어 달군 후 시사모를 넣어 노릇하게 튀긴다. 상에 낼 때 라임을 곁들여 낸다.

Tip

멸치 비슷하게 생긴 시사모는 우리말로 열빙어라고 해요. 겨울철에는 생물을 구할 수 있고 그 외 계절에는 말린 시사모를 냉동한 제품을 사다가 만들면 돼요. 시사모는 머리부터 꼬리까지 뼈째 먹을 수 있어 단백질과 칼슘이 풍부하고 비린내가 없어요. 알이 꽉 찬 시사모를 굽거나 튀기면 아주 고소하고 맛있어요.

난이도
Hard

조리시간
50min

어울리는 술
소주 ★★★★★
맥주 ★★★★

매운 갈비찜

— hot beef rib stew —

뭔가 자극적인 게 당길 때가 있죠? 슙슙~후후~ 호흡법이 필요한 갈비찜이에요. 청양고추
와 마늘을 듬뿍 넣어 혀가 얼얼한데 맛있어서 계속 먹게 돼요. 매운 음식을 먹을 땐 달걀프
라이를 함께 먹으면 매운맛을 조금 중화시킬 수 있어요. 갈비찜 양념과 달걀프라이를 밥에
비벼 먹으면 소스까지 싹싹 먹을 수 있답니다.

소갈비　　　　　　　　　　　　　대파　　　양파

배

마늘　　　　청양고추

Shopping List

재료 소갈비 1kg, 마늘 4쪽, 통후추 10알, 대파 ½대, 물 6컵

양념 배 70g, 양파 50g, 설탕 3, 매운 고춧가루 6, 간장 8, 청주 3, 맛술 5, 다진 마늘 5,

　　　다진 청양고추 5, 물 1컵, 후춧가루 약간

How to make

❶ 소갈비는 찬물에 3시간 이상 담가 핏물을 뺀다.

❷ 냄비에 물 6컵을 붓고 마늘, 통후추, 대파를 넣어 끓인다.

❸ 물이 팔팔 끓으면 핏물을 제거한 소갈비를 넣고 25분간 끓인 다음 중간중간 위에 뜨는 거품을 숟가락으로 걷어 낸다.

❹ 배와 양파는 믹서에 갈고 청양고추와 다진 마늘, 물을 제외한 양념 재료를 모두 섞어 양념장을 만든다.

❺ 익힌 갈비는 찬물에 깨끗이 씻은 후 두세 번 칼집을 넣는다.

❻ 냄비에 칼집 낸 고기, 물 1컵과 양념장 ⅔를 넣어 골고루 저어 가며 끓인다.

❼ 양념장이 반 정도로 줄어들면 남은 양념장과 다진 마늘, 다진 청양고추를 넣고 중약불에서 국물이 자작해질 때까지 마저 졸인다.

Tip

고기를 삶을 때 마늘이나 대파, 그리고 통후추 등을 넣고 끓여야 고기 누린내를 잡을 수 있어요. 월계수 잎이 있으면 한두 장 넣어 주세요.
양념장에 들어가는 배 대신 사과를 넣어도 좋아요.
기호에 따라 청양고추의 양을 가감하세요.

chapter 5

나만을 위한
한잔

난이도
Easy

조리시간
10min

어울리는 술
소주 ★★★★★
맥주 ★★★★

명란 순두부탕

spawn of pollack soft tofu soup

순식간에 휘리릭 끓여 먹기 정말 좋죠. 술안주가 아니더라도 아침에 찬밥 말아 후루룩 먹어도 되고 밥이 없어도 두부를 넉넉하게 넣어 든든하게 먹을 수도 있어요. 청양고추를 약간 썰어 넣어 칼칼하게 해서 먹어도 좋습니다.

바지락살

다시마

명란젓

팽이버섯　　순두부

Shopping List

재료 명란젓 50g, 바지락살 50g, 순두부 ½봉지, 팽이버섯 약간, 잔파 1뿌리,
다시마 5×5㎝ 길이 1장, 물 1컵

How to make

❶ 명란젓은 한입 크기로 썰고 팽이버섯은 밑동을 제거한 후 짧게 자른다. 잔파는 송송 썬다.

❷ 냄비에 물과 다시마를 넣어 바글바글 끓인 다음 바지락살을 넣고 익힌다.

❸ 바지락이 익으면 다시마를 건져 내고 명란젓과 순두부를 넣고 끓인다.

❹ ❸에 팽이버섯을 넣고 불을 끈 후 마지막으로 잔파를 솔솔 뿌린다.

spawn of pollack
soft tofu soup

Tip

명란젓이 짜기 때문에 따로 간을 하지 않아도 간간해요. 간이 부족하면 소금으로 맞춰 주세요.
순두부를 넣으면 수분이 많이 생기기 때문에 처음에 물을 많이 넣을 필요는 없어요. 미리 만들어 둔 멸치
육수나 해물육수가 있으면 다시마육수 대신 사용하세요. 더욱 깊은 맛을 낼 수 있어요. 칼칼한 국물 맛을
원한다면 고춧가루를 조금 넣으세요.

난이도
Easy

조리시간
15min

어울리는 술
맥주 ★★★★★
막걸리 ★★★★

QR코드를 찍으면
만들기 동영상

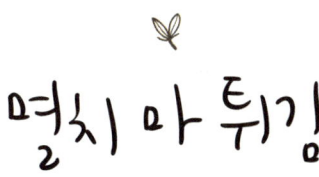

멸치 마 튀김

fried anchovy root of winder

영양 덩어리 멸치와 속을 편하게 해주는 마를 함께 튀겨 안주로 그만입니다. 마를 튀기면 미끈거리지 않고 쫀득하게 씹히기 때문에 마를 싫어하는 분도 거부감 없이 먹을 수 있어요.

잔멸치

마

가츠오부시

Shopping List

재료 잔멸치 20g, 마 100g, 가츠오부시 1.5g, 튀김가루 3, 물 5, 소금 약간

How to make

❶ 가츠오부시는 내열그릇에 담아 전자레인지에 10초간 돌리거나 팬에 살짝 볶은 후 절구에 찧어 가루로 만든다.

❷ 마는 껍질을 벗기고 사방 0.5㎝ 정도 크기로 썬다.

❸ 볼에 잔멸치와 마, 가츠오부시, 튀김가루, 물을 넣고 고루 섞어 반죽한다.

❹ 160℃ 기름에 반죽을 반 스푼씩 떠 넣고 노릇하게 튀긴다.

Tip

가츠오부시를 갈아 넣는 것이 포인트죠. 잔멸치가 눅눅하면 팬에 한 번 볶아서 수분을 날리고 사용하면 좋아요. 멸치마튀김은 술안주로도 좋지만 아이들 간식으로도 인기 만점이에요. 새콤달콤한 강정소스를 묻혀 주면 아이들이 더 좋아해요.

난이도
Easy

조리시간
10 min

어울리는 술

스파클링 와인 ★★★★★
맥주 ★★★★

구운 아스파라거스와 달걀

—— grilled asparagus & egg ——

피로회복과 숙취 해소에 탁월한 효과가 있는 아스파라긴산은 아스파라거스의 봉오리 부분에 많다고 해요. 중세 프랑스 왕실에서 즐겨 먹어 채소의 귀족, 채소의 왕이라고도 불리지요. 요리 후 남은 아스파라거스는 컵에 물을 약간 받아 줄기 부분이 물에 잠기도록 세워서 비닐을 씌워 냉장고에 보관하면 2~3주 정도 싱싱하게 보관할 수 있어요.

아스파라거스

달걀

Shopping List

재료 아스파라거스 8줄기(약 165g), 달걀 1개, 올리브오일 3, 소금 0.3, 후춧가루 약간

How to make

❶ 아스파라거스는 깨끗이 씻은 후 필러로 밑동 아래에서 5㎝ 정도까지 껍질을 벗긴다.

❷ 달군 팬에 올리브오일 2큰술을 두르고 손질한 아스파라거스를 소금, 후춧가루로 간하여 노릇하게 구운 다음 접시에 담아 둔다.

❸ 아스파라거스를 구운 팬에 올리브오일 1큰술을 두르고 달걀 하나를 깨트려 반숙으로 프라이를 해 구운 아스파라거스와 함께 낸다.

grilled asparagus & egg

Tip

아스파라거스는 밑동에서 5cm 정도는 껍질이 질길 수 있으므로 필러로 껍질을 벗기고 사용하세요. 팬에 아스파라거스를 구울 때 중간 불에서 팬을 앞뒤로 흔들어 가며 구우면 골고루 노릇하게 익힐 수 있어요. 달걀은 뜨겁게 달궈진 팬에 기름을 넉넉하게 두른 후 깨트려 넣고 흰자는 바삭하고 노른자는 반숙으로 익혀야 맛있어요. 먹을 때 반숙으로 익은 노른자를 깨트려 아스파라거스와 함께 먹으면 노른자의 부드럽고 고소한 맛이 아스파라거스와 어우러져 한결 입맛을 돋워요. 스파클링 와인이나 맥주 안주로 그만이랍니다.

난이도
Normal

조리시간
15min

어울리는 술
맥주 ★★★★★
레드와인 ★★★★

스트링 치즈 스틱

string cheese stick

스트링치즈는 실처럼 가늘게 찢어지는 치즈로 쫄깃하고 담백해 안주로 그만이에요. 치즈에
베이컨, 양념을 씻어 낸 김치, 양념한 쇠고기 등을 돌돌 말아 옷을 입혀 튀기거나 달걀말이
에 넣어도 좋아요.

파슬리&밀가루

베이컨

달걀

스트링치즈

Shopping List

재료 스트링치즈 4개, 베이컨 4장, 빵가루 7, 달걀 1개, 파슬리가루 0.5, 밀가루 약간,
다진 마늘 약간

How to make

❶ 스트링치즈와 베이컨은 반으로 자른다. 베이컨에 다진 마늘과 치즈를 얹고 돌돌 말아 고정시킨다.

❷ ❶에 밀가루 – 달걀물 – 파슬리가루를 섞은 빵가루 순으로 골고루 묻힌다.

❸ 180℃ 기름에 노릇하게 튀겨 낸다.

Tip

다진 마늘을 약간 넣어 주면 느끼한 맛이 덜해요. 빵가루가 너무 건조하면 달걀물에 묻지 않으니 물이나
우유를 살짝 뿌려 보슬보슬하게 비벼서 사용하면 훨씬 통통하게 빵가루를 입힐 수 있어요.
튀김기름 온도가 낮아 오래 튀기게 되면 치즈가 녹아서 흘러나올 수 있으니 180℃에서 빵가루가 노릇하
게 익을 정도로만 재빠르게 튀겨 주세요.

난이도
Easy

조리시간
20min

어울리는 술
맥주 ★★★★★
레드와인 ★★★★

연근칩과 당근칩

lotus root chip & carrot chip

각종 채소를 건조기에 말리거나 오븐에 넣고 굽거나 말리면 훌륭한 안주이자 주전부리가 됩니다. 기름에 튀길 때는 채소의 수분을 충분히 없애고 낮은 온도에서 수분을 날리면서 튀겨야 바삭하게 튀길 수 있어요.

연근

당근

원두커피가루

바질가루

소금

Shopping List

재료 연근 170g, 당근 70g

커피소금 소금 0.3, 원두커피가루 0.3, 바질가루

How to make

❶ 연근은 필러를 사용해 껍질을 벗긴 뒤 깨끗이 씻는다.

❷ 껍질 벗긴 연근을 얇게 썬 다음 식초를 한두 방울 떨어뜨린 물에 10분간 담가 둔다.

❸ 당근은 동그란 모양을 살려 얇게 썰어 키친타월에 올린 후 소금을 약간 뿌려 5분 정도 그대로 둔다.

❹ 물에 담가 놓았던 연근과 당근의 물기를 마른 행주로 잘 닦아 낸 후 180℃로 예열한 오븐에서 10분간 굽는다.

❺ 소금과 원두커피가루, 바질가루를 함께 갈아 커피소금을 만들어 곁들인다.

lotus root chip & carrot chip

Tip

연근과 당근은 수분을 잘 제거해 줘야 바삭바삭한 칩을 만들 수 있어요.
수분을 제거한 후 160℃ 튀김기름에 연근과 당근을 넣고 바삭하게 튀겨 내도 맛있어요.

난이도
Easy

조리시간
5min

어울리는 술
맥주 ★★★★★
소주 ★★★★

대파 양념구이

grilled seasoning big scallion

대파는 구우면 매운맛은 약해지고 단맛이 강해지는데 바비큐를 할 때 그릴 위에 올려 먹음
직스런 그릴 자국을 내도 좋고 석쇠에 올려 가스레인지 불에서 직화로 구워도 좋습니다. 센
불에 빨리 굽는 것보다 시간을 들여 천천히 양념을 발라 가며 굽는 게 더 달고 맛있었어요.

대파

다진 땅콩

Shopping List

재료 대파 80g, 잘게 다진 땅콩 0.5

양념장 간장 0.5, 맛술 0.5, 참기름 0.3, 후춧가루 약간

How to make

❶ 간장, 맛술, 참기름, 후춧가루를 섞어 양념장을 만든다. 대파는 깨끗이 씻은 후 물기를 없애고 석쇠에 올려 약한 불에서 직화로 굽는다.

❷ 중간중간 붓으로 양념장을 발라 가며 굽는다.

❸ 구운 대파는 한입 크기로 썰고 잘게 다진 땅콩을 뿌려 낸다.

grilled seasoning big scallion

Tip

대파는 프라이팬에 기름을 약간 두르고 양념장을 발라 가며 구워도 맛있지만 석쇠를 이용해서 직화로 구
우면 불 맛이 배고 대파의 단맛이 더욱 살아요.
일본식 주점에서 파는 꼬치처럼 대파를 잘라 꼬치에 꿰어 구워도 먹음직스러워요.

난이도
Easy

조리시간
60min

어울리는 술
맥주 ★★★★★
소주 ★★★★

무조림

부드럽고 달콤한 무조림 한입에 어느새 입가에는 미소가 가득할 거예요. 재료를 준비해 냄비에 올리고 양념이 보글보글 약하게 끓으면 뚜껑을 비스듬히 덮어둔 채 샤워를 하고 나와 시원한 맥주 한 잔과 함께하세요. 혼자만의 시간이 너무 행복해질 거예요.

다진 쇠고기

무

다시마

가츠오부시

Shopping List

재료 무 300g, 물 2컵, 다시마 5×5cm 길이 1장, 가츠오부시 3g, 다진 쇠고기 50g

고기 양념 간장 0.8, 맛술 0.5, 생강즙 0.3, 참기름 0.3, 후춧가루 약간, 육수 ⅓컵

조림 양념 간장 1.5, 국간장 1.5, 맛술 1, 올리고당 1

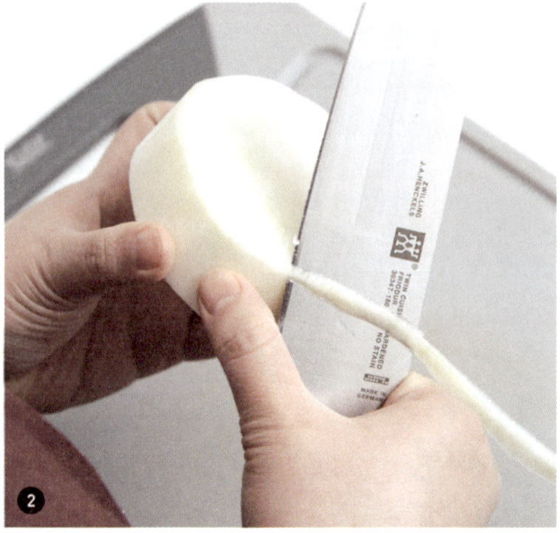

How to make

❶ 냄비에 물 3컵과 다시마를 넣고 중간 불에서 끓이다가 팔팔 끓으면 불을 끈 채 가츠오부시를 넣어 5분간 우려낸다.
체에 밭쳐 맑은 국물만 받는다.

❷ 무는 2.5∼3㎝ 두께로 썰어 모서리 부분을 둥글게 돌려 깎는다.

❸ 고기 양념에 넣을 육수 ⅓컵을 제외한 나머지 육수에 조림 양념 재료를 섞어 조림 국물을 만들어 끓인다.
손질한 무를 넣은 후 약한 불에서 50분간 졸인다.

❹ 다진 쇠고기에 간장, 맛술, 생강즙, 참기름, 후춧가루를 넣어 양념한다.
달군 팬에 보슬보슬하게 볶은 후 육수 ⅓컵을 붓고 끓인다. 졸여진 무 위에 쇠고기를 올려 낸다.

white radish boiled down in soy sauce

Tip

무는 가장자리 부분을 둥글게 정리해 주면 졸였을 때 모양도 예쁘고 가장자리가 부서지는 것을 막을 수 있어요. 무를 한입 크기로 썰어서 졸이면 시간을 줄일 수 있어요.

고명으로 다진 쇠고기를 올리는데 번거롭다면 생략해도 괜찮아요. 부드럽게 익은 달큼한 무만으로도 충분해요. 술안주가 아닌 밥반찬으로도 손색없어요.

난이도
Easy

조리시간
15min

어울리는 술
맥주 ★★★★★
화이트와인 ★★★★

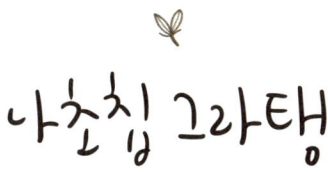

나초칩 그라탱

— nacho chip gratin —

깜깜하게 불을 꺼두고 혼자 영화나 예능 프로그램을 볼 때 치즈를 쭉쭉 늘어뜨리면서 우걱우걱 씹어 먹어 보세요. 매콤한 할라피뇨와 바삭한 나초칩을 씹는 것만으로도 스트레스가 풀릴 거예요.

나초칩

할라피뇨

토마토소스

피자치즈

Shopping List

재료 나초칩 70g, 피자치즈 100g, 토마토소스(시판용) 3, 할라피뇨 1개, 파슬리가루 약간

How to make

❶ 170℃로 달궈진 튀김기름에 나초칩을 10초간 재빨리 튀긴 후 여분의 기름기를 제거한다.

❷ 오븐 사용이 가능한 그릇에 나초칩과 피자치즈, 송송 썬 할라피뇨를 켜켜이 담는다.

❸ ❷의 위에 토마토소스를 드문드문 올린 다음 피자치즈를 다시 올리고 파슬리가루를 뿌려 180℃로 예열된 오븐에 10분간 굽는다.

*nacho chip
gratin*

Tip

나초칩은 그냥 먹으면 약간 텁텁한 맛이 입 안에 남아요. 기름에 한 번 튀기면 훨씬 바삭하
고 맛이 깔끔하지요. 기름을 달군 후 나초칩 하나를 넣었을 때 가장자리로 거품이 보글보
글 생기면 튀기기에 적당한 온도가 된 거예요. 토마토소스는 직접 만들어 사용해도 되고
간편하게 시판하는 소스를 이용해도 괜찮아요. 구입할 때 고기가 들어가 있는 소스를 사
용하면 맛이 더 좋아요. 소스를 전체적으로 넉넉히 뿌리면 바삭하게 튀긴 나초칩이 눅눅
해질 수 있으니 드문드문 두세 군데 떠 놓으세요. 할라피뇨 대신 케이퍼나 고추장아찌를 넣
어도 좋아요.

난이도
Easy

조리시간
6 min

어울리는 술
맥주 ★★★★★
소주 ★★★★

마초라면 (마요땡초라면)

— macho ramen —

뭔가 자극적인 게 필요할 때나 스트레스 받을 때 매운 음식을 먹으면 확 풀리잖아요. 마초라면은 청양고추를 듬뿍듬뿍 넣고 물 양도 포장지에 적힌 레시피보다 적게 넣어 짜고 맵게 끓이는 게 핵심이에요.

너무 매울 때는 마요네즈를 약간 넣어 비벼 먹으면 맛이 한결 부드러워지지요. 입 안이 얼얼해질 때 시원한 맥주 한잔 들이켜면 스트레스가 멀리멀리 달아나요.

신라면

마요네즈

청양고추

Shopping List

재료 신라면 1봉지, 물 2컵, 청양고추 3~5개, 마요네즈 약간, 핫소스 약간(없으면 생략)

How to make

❶ 냄비에 분량의 찬물을 붓고 건더기스프, 분말스프, 면을 넣은 후 불을 켠다.

❷ 청양고추는 얇게 채 썰거나 둥글게 썬다.

❸ 라면이 보글보글 끓으면 면을 뒤집어 주고 썰어 둔 고추를 넣은 후 뚜껑을 닫고 불을 끈다.
　2분 후 면을 덜어 그릇에 담고 마요네즈를 약간 넣어 비벼 먹는다. 기호에 따라 핫소스를 추가해도 좋다.

macho ramen

Tip

청양고추는 길게 반으로 갈라 씨를 제거하고 채 썰어 넣으면 면과 함께 건져 먹기 좋고 국물도 깔끔해요.
반면 씨를 제거하지 않고 둥글게 썰어 넣으면 국물은 좀 지저분해 보일 수 있지만 매운맛이 훨씬 강해요.
마초라면은 짜고 매워 마요네즈를 조금 섞어 비비면 그 맛이 약간 중화되면서 고소하고 맛있어져요. 마요
네즈가 부담스럽다면 날달걀을 깨서 섞어도 비슷한 효과가 있어요.

난이도
Easy

조리시간
5min

어울리는 술
스파클링 와인 ★★★★★
화이트와인 ★★★★

미니사과 호두 샐러드

— mini apple walnut salad —

상큼하고 가벼운 드레싱을 곁들인 샐러드에 고소한 호두, 달콤한 크랜베리를 넣고 버무려 만든 저칼로리 안주예요. 여기에 민트나 바질 잎을 살짝 다져서 넣으면 상큼하고 향긋한 샐러드를 만들 수 있어요. 칵테일새우나 살짝 데친 오징어를 곁들여도 좋아요.

양상추

미니 사과

호두

크랜베리

Shopping List

재료 양상추 70g, 미니 사과 3개, 호두 25g, 크랜베리 20g

드레싱 올리브오일 2, 레몬즙 2, 꿀 0.5, 올리고당 0.5

How to make

❶ 양상추는 흐르는 물에 씻은 후 물기를 빼고 손으로 먹기 좋게 뜯어 놓는다.

❷ 사과는 베이킹소다로 껍질을 문질러 깨끗하게 씻은 후 모양을 살려 썬다.

❸ 호두는 약한 불에서 노릇하게 볶거나 오븐에 넣고 180℃에서 5분간 구워 작게 자른다.

❹ 올리브오일, 레몬즙, 꿀, 올리고당을 섞어 드레싱을 만든 후 양상추, 사과, 호두, 크랜베리와 함께 곁들인다.

mini apple walnut salad

Tip
크랜베리 외에도 건포도, 건자두 등 건조 과일을 곁들여 와인이나 샴페인과 함께 먹으면 술맛을 돋워요.
간단하게 만들 수 있어 바쁜 아침식사로도 적당해요.
레몬을 짜서 드레싱을 만들고 레몬 껍질을 잘게 다져 뿌리면 더 상큼하고 보기에도 예쁘답니다.

Chip&Dip

난이도
Easy

조리시간
35min

어울리는 술
와인 ★★★★★

Shopping List

재료 고구마 5개, 올리브오일 3, 소금 0.3, 후춧가루 약간

고구마칩

How to make

❶ 고구마는 깨끗이 씻어 물기를 제거하고 크기에 따라 6～8등분한다.

❷ 올리브오일과 소금, 후춧가루를 넣고 버무린 후 오븐 팬에 오일이나 버터를 묻혀 180℃에서 30분간 굽는다.

Tip

고구마를 웨지감자처럼 잘라 오일을 묻히고 소금 간을 해서 구우면 단맛이 더욱 도드라지는 고구마칩을 만들 수 있어요. 조리시간을 단축하려면 고구마를 얇게 썰어 노릇하게 구워 내도 좋아요.

난이도
Easy

조리시간
30 min

어울리는 술
맥주 ★★★★★
와인 ★★★★

Shopping List

재료 케일 150g, 적겨자 잎 30g, 로즈 30g, 캐슈넛 100g, 적파프리카 65g,

마늘 1쪽, 간장 1.5, 올리브오일 3, 레몬즙 1, 후춧가루 약간

케일칩

How to make

❶ 캐슈넛은 물에 1시간 정도 불린 후 물기를 제거한다.

❷ 케일은 깨끗이 씻어 물기를 제거하고 두꺼운 줄기는 잘라낸다.

❸ 불린 캐슈넛과 파프리카, 마늘, 간장, 올리브오일, 레몬즙을 블렌더에 넣고 곱게 간다.

❹ 케일, 적겨자 잎, 로즈에 ❸을 앞뒤로 묻혀 오븐 팬에 겹치지 않게 놓는다. 160℃ 오븐에 15분간 구운 후 뒤집어서 10분 더 굽는다.

Tip

케일 잎을 한입 크기로 잘라서 칩을 만들어도 색달라요. 과정 ❸의 캐슈넛페이스트는 채소를 찍어 먹는 딥으로 이용해도 좋고 샌드위치나 버거를 만들 때 소스로 활용해도 좋아요. 캐슈넛을 물에 불려서 만들면 좀 더 부드러운 페이스트를 만들 수 있지만 시간이 없을 때는 불리지 않고 생캐슈넛을 그대로 사용해도 무방해요. 케일칩은 오븐에 따라 타지 않도록 시간을 조절해 주세요.

난이도
Easy

조리시간
10 min

어울리는 술
와인 ★★★★★
맥주 ★★★★

Shopping List

재료 생아몬드 100g, 올리브오일 0.3, 파프리카가루 0.5, 소금 0.5, 오렌지 제스트 1개분

파프리카 시즈닝 로스티드 아몬드

How to make

❶ 오븐을 170℃로 예열한다. 볼에 아몬드, 올리브오일, 파프리카가루, 소금을 넣고 고루 섞는다.

❷ 오븐 팬에 종이호일을 깔고 아몬드를 펼쳐 담은 후 5분간 굽는다. 구워지면 잘 섞은 후 5분 더 굽는다.

❸ 아몬드가 구워지는 동안 오렌지를 깨끗이 씻어 제스트를 만들고 구운 아몬드 위에 뿌려 낸다.

Tip

파프리카가루가 없으면 고춧가루를 분량의 절반만 넣고 만들어도 돼요.
마지막에 뿌려 주는 오렌지 제스트의 상큼함이 아몬드의 고소함과 잘 어우러져서 가볍게 곁들이기 좋은 안주가 돼요.

난이도
Normal

조리시간
50 min

어울리는 술
맥주 ★★★★★
와인 ★★★★

Shopping List

재료 가지 2개, 올리브오일 4, 양파 1개, 토마토페이스트 80g, 소금 · 후춧가루 약간씩

가지 토마토 스프레드

How to make

❶ 가지는 껍질쪽을 포크로 찔러 구멍을 내고 길게 반으로 자른 뒤 올리브오일을 살짝 뿌린다. 가지가 부드러워지도록 180℃로 예열된 오븐에 40분간 굽는다.

❷ 구운 가지는 속을 파내고 잘게 다지거나 블렌더에 곱게 간다.

❸ 달군 팬에 올리브오일을 두르고 다진 양파를 넣어 투명해지도록 볶는다.

❹ ❸에 가지와 토마토페이스트, 소금, 후춧가루를 넣고 중약불에서 잘 섞어 가며 볶는다.

Tip

가지토마토스프레드는 가지의 단맛과 부드러움이 아주 매력적이에요. 파스타를 삶아 버무려 먹어도 좋고 바게트나 빵에 발라 먹어도 그만이에요. 피자소스로 활용할 수도 있어요. 식빵을 노릇하게 구워 이 스프레드만 살짝 발라 먹어도 아주 맛있어요. 차갑게 식히면 농도가 조금 되직해져서 크래커에 올려 카나페를 만들어 먹거나 감자칩에 곁들여도 좋아요.

난이도
Easy

조리시간
15min

어울리는 술
맥주 ★★★★★
와인 ★★★★

Shopping List 6~8인 분량

재료 생크림 1컵, 달걀 2개, 슬라이스 체다치즈 15장, 맥주 1컵, 전분 1, 물 1,

옐로머스터드 0.5, 우스터소스 0.5, 소금 0.3, 후춧가루 약간씩

맥주를 넣은 체다치즈딥

How to make

❶ 바닥이 두꺼운 냄비에 달걀 2개를 풀고 생크림, 치즈 8장을 넣어 중약불에서 저어 가며 치즈를 녹인다.

❷ 치즈가 완전히 녹고 따뜻해지면 맥주와 전분물(전분과 물을 1:1 비율로 섞는다)을 넣고 섞는다.

❸ ❷가 완전히 잘 섞이면 남은 치즈 7장을 넣고 옐로머스터드, 우스터소스를 넣고 걸쭉해지도록 잘 저어 가며 끓인다. 소금, 후춧가루로 간한다.

Tip

따뜻한 상태로 상에 내야 제 맛을 즐길 수 있어요. 작게 썰어 바삭하게 구운 베이컨과 송송 썬 잔파를 장식하여 내면 더욱 먹음직스러워 보이죠. 튀긴 나초칩이나 튀긴 감자, 프레첼, 크래커, 마늘바게트 등과 잘 어울려요.

난이도
Easy

조리시간
5min

어울리는 술
맥주 ★★★★★
와인 ★★★★

Shopping List

재료 마요네즈 ½컵, 파르메산치즈가루 20g, 마늘 1쪽, 디종머스터드 0.3, 앤초비 1조각,

레몬 ½개, 우스터소스 · 후춧가루 약간씩

크리미 파르메산 앤초비딥

How to make

❶ 마늘과 앤초비는 잘게 다지고 레몬은 껍질을 깨끗하게 씻은 후 제스트를 만들고 즙을 짠다.

❷ 레몬 제스트를 제외한 모든 재료를 넣고 잘 섞은 후 1시간 정도 냉장고에 넣어 두었다가 다시 고루 섞는다.
　레몬 제스트를 뿌려 낸다.

Tip

미리 만들어서 1시간 정도 냉장고에 뒀다가 먹으면 좋아요. 파르메산치즈가루가 촉촉하게 잘 어우러져 부드럽고
치즈 향이 진해져요.
냉장에서 3일까지 가장 맛있고 5일 동안 보관이 가능합니다.
셀러리, 당근, 껍질콩 등 채소를 스틱 형태로 썰어 함께 곁들여도 좋고 생선가스와 함께 먹어도 좋아요.

난이도
Easy

조리시간
10 min

어울리는 술
와인 ★★★★★
맥주 ★★★★

Shopping List

재료 루콜라 50g, 캐슈넛 15g, 잣 10g, 마늘 1쪽(3g), 올리브오일 30㎖,

그라나 파다노 혹은 파르마지아노치즈 20g

루콜라 페스토

① ② ③

How to make

❶ 루콜라는 뿌리 부분을 잘라내고 깨끗이 씻어 물기를 제거한다.

❷ 내열 그릇에 캐슈넛과 잣을 담고 오븐에 노릇하게 구운 후 식힌다.

❸ 핸드블렌더에 루콜라와 캐슈넛, 잣, 마늘, 올리브오일, 치즈를 갈아 넣고 곱게 간다.

Tip

루콜라 대신 깻잎, 참나물, 바질, 파슬리 등을 이용해 페스토를 만들어 두고 파스타나 샐러드, 샌드위치를 만들 때 두루 이용할 수 있어요. 캐슈넛이 없으면 잣으로 대체하면 돼요. 견과류는 노릇하게 한 번 구워서 페스토를 만들면 훨씬 고소하고 맛있어요.

페스토소스를 보관할 때는 밀폐용기에 소스를 넣고 윗면을 평평하게 만들어 준 다음 올리브유를 부어 산소와의 접촉을 막아야 색이 변하는 것을 막을 수 있어요.

그릇

그릇을 살 때 세트보다는 1~2개씩 짝을 맞추어 구입하는 편이에요. 세트는 여러모로 부담스러워요. 1~2개 짝이 있는 그릇들이 다양하게 활용할 수 있어 좋답니다. 꼭 어느 브랜드의 그릇을 고집하지는 않고 백화점, 아울렛, 남대문시장, 인터넷 등 여러 곳에서 그때그때 마음에 드는 것을 1~2개씩 사 두는 편이죠. 그래서 다 모아놓고 보니까 이젠 저의 취향을 알겠더라고요. 화이트 식기 위주로, 화려한 무늬가 있는 그릇보다는 음식을 살려 주는 심플한 그릇을 선호합니다.

팬

무쇠, 스테인리스, 코팅, 그릴팬 등 여러 종류의 팬을 가지고 있는데 관리가 번거로워서 평소에는 테팔 코팅프라이팬을 주로 사용하고 쿠킹클래스를 할 때나 손님을 대접할 때, 특별한 날에는 무쇠팬이나 철팬에 요리를 해서 프라이팬 통째로 테이블에 바로 올려 먹는 걸 즐깁니다.
무쇠스킬렛, 그릴팬은 르쿠르제와 롯지 제품을 주로 사용하는데 열 보존이 좋고 열 전도가 균일해 음식에 깊은 맛을 더하고 따뜻함을 오랫동안 지속시켜 줍니다. 무겁다는 게 살짝 아쉽지만!
드부이에 스테인리스 팬은 주로 파스타를 하거나 스테이크를 구울 때 많이 사용합니다. 철팬이라는 특성상 보관, 관리가 번거롭지만 요리를 해 보면 그런 번거로움쯤이야 단번에 잊어버리게 되죠.

조리도구

집이든 스튜디오든 사용하는 조리도구는 대부분 실리콘, 나무, 스테인리스 소재입니다.

그중 실리콘 주걱은 사이즈별로 갖고 있으면 두루두루 유용합니다. 검정색 실리콘 주걱은 '무지' 제품인데 주걱 부분의 실리콘이 다른 브랜드 제품보다 얇아서 사용감이 좋고 깔끔하게 긁어져요. 사이즈가 큰 실리콘 주걱은 주로 요리를 할 때 사용하고 작은 실리콘 주걱은 핸드블렌더나 통에 남아 있는 소스를 긁어모을 때, 양념을 섞을 때 편리합니다. 짧은 팔다리가 귀여운 국자는 손잡이 부분이 실리콘 재질로 되어 있어 조리대에 부착도 가능하고 냄비와 어깨동무해서 고정시킬 수도 있답니다. 큼직한 양배추 채칼도 아주 유용하게 쓰이고 포테이토 매셔, 실리콘 브러시, 치즈크레이터도 자주 사용하는 조리도구입니다.

냄비

냄비는 주로 무쇠, 스테인리스, 법랑을 씁니다. 무쇠냄비는 국, 찌개, 수프, 스튜 등 시간을 들여 깊은 맛을 내는 음식을 할 때 쓰이고 스테인리스, 법랑 냄비는 일상적으로 두루두루 사용됩니다.

1~2인 가족을 기준으로 일반적으로 가장 많이 사용하게 되는 사이즈는 18cm, 20cm 정도 크기입니다. 한 끼 분량의 국이나 찌개를 끓일 때 적당합니다. 그 외에 얇고 넓은 전골냄비 하나 정도 갖추어 두면 좋아요. 스테인리스 냄비를 사용하다 보면 설거지를 하고 나서 표면에 무지개색 얼룩이 생기는 경우가 있는데 몸에 해롭진 않지만 왠지 신경 쓰인다면 식초를 몇 방울 섞은 물에 헹구거나 베이킹소다와 물을 섞어 부드러운 스펀지로 문질러 세척한 후 물기를 닦으면 말끔하게 보관할 수 있습니다.

즐겨 보는 요리책 이야기

서점에 가면 가장 먼저 국내 요리책 신간코너를 둘러보고 외국 요리책 코너로 갑니다. 그리고 저도 모르게 압도적인 두께, 시선을 끄는 디자인의 책을 집어 들게 되는데 꺼내고 보면 대부분 'PHAIDON'의 책들입니다. PHAIDON 출판사는 세계적인 요리서적, 아트북 전문 출판사. 세계적으로 유명한 셰프들의 레시피를 담은 요리책이라 관심이 가기도 하지만 디자인, 편집, 사진의 질이 상당해 그것만으로도 소장가치가 충분할 정도로 늘 새롭고 애착이 갑니다. 부담스러운 가격 탓에 욕심껏 사지는 못하지만 책에 적힌 레시피를 보면서 맛을 상상해 보는 것만으로도 행복하고 즐거워집니다. 책을 보면서 언젠가 줄리아차일드처럼 연간 프로젝트로 한 권을 마스터하고 축하파티를 열어 보겠다는 야심찬 계획도 세워 봅니다. 그 외 《도나헤이》, 《킨포크》와 국내 잡지 중에는 《라망》 등 눈이 즐거워지고 감각을 업그레이드할 수 있는 책들을 많이 보려고 노력합니다.

단골 시장

소품

외국 요리책을 보고 있으면 접시, 도마, 커트러리, 냄비, 트레이 등 빈티지 소품에 관심을 갖게 됩니다. 그래서 이태원 빈티지 소품숍 '바바리아'를 자주 찾아요. 유럽 앤틱가구, 소품이 가득해 스타일리스트들의 보물창고 같은 곳입니다.

바바리아는 저에겐 가장 재미있는 놀이터이지요. 입구를 들어서는 순간, 마치 어느 영화의 한 장면 속에 있는 것마냥 신이 나서 이것저것 만져 보고 뒤져 보고 시간 가는 줄 모르게 됩니다. 바로 옆에 있는 '백년전'은 소품보다는 가구가 주를 이루는 앤틱숍으로 보는 것만으로도 즐거워지는 장소입니다.

이태원이 유럽 앤틱 가구, 소품으로 즐거움을 주는 반면 신설동에 있는 풍물시장과 황학동은 한국적인 빈티지로 가득합니다. 놋그릇, 고가구 등 전통의 멋을 느낄 수 있는 것들을 비롯해 이제는 쓰이지 않는 마이마이, 벽돌휴대폰, 전축 등 재미난 볼거리가 넘쳐 나죠.

식재료

식재료 구입은 주로 인근 재래시장과 대형마트를 이용합니다. 채소, 과일은 재래시장이 가격이나 품질 면에서 만족스럽고 각종 양념, 육류, 생선, 해산물 등은 대형마트가 믿고 구입할 수 있어서 좋습니다. 해산물은 산지에서 직배송으로 받아쓰기도 하고 노량진 수산시장, 가락시장에 가서 구입하기도 합니다.

· **우정상회** 멸치, 김, 건새우, 쥐포, 각종 견과류, 건과일 등

멸치, 다시마, 미역, 김 등 건어물은 부산에 계시는 어머니께서 보내주시는데 급하게 필요할 때는 중부시장 내 '우정상회'에 갑니다. 친절하고 푸근한 주인아주머니 덕에 늘 한 줌씩 더 받아오게 되는 곳.

주소 서울 중구 을지로 5가 중부시장 내
전화 02-2274-3335

· **기복유통** 바질, 민트, 루콜라 등 특수 채소와 동남아 채소

다양하고 싱싱한 허브, 샬롯, 딜, 미니양배추, 식용 꽃 등 일반 식재상에서 구입하기 힘든 특수 채소를 구입할 수 있습니다.

주소 서울 송파구 가락동 600 가락시장 다동-176
전화 02-404-8536

INDEX 술 종류별 어울리는 안주 찾기

lemonbalm
kitchen

레몬밤키친 쿠킹 스튜디오
종로구 계동 100-1번지 2F
http://lemonbalmkitchen.com

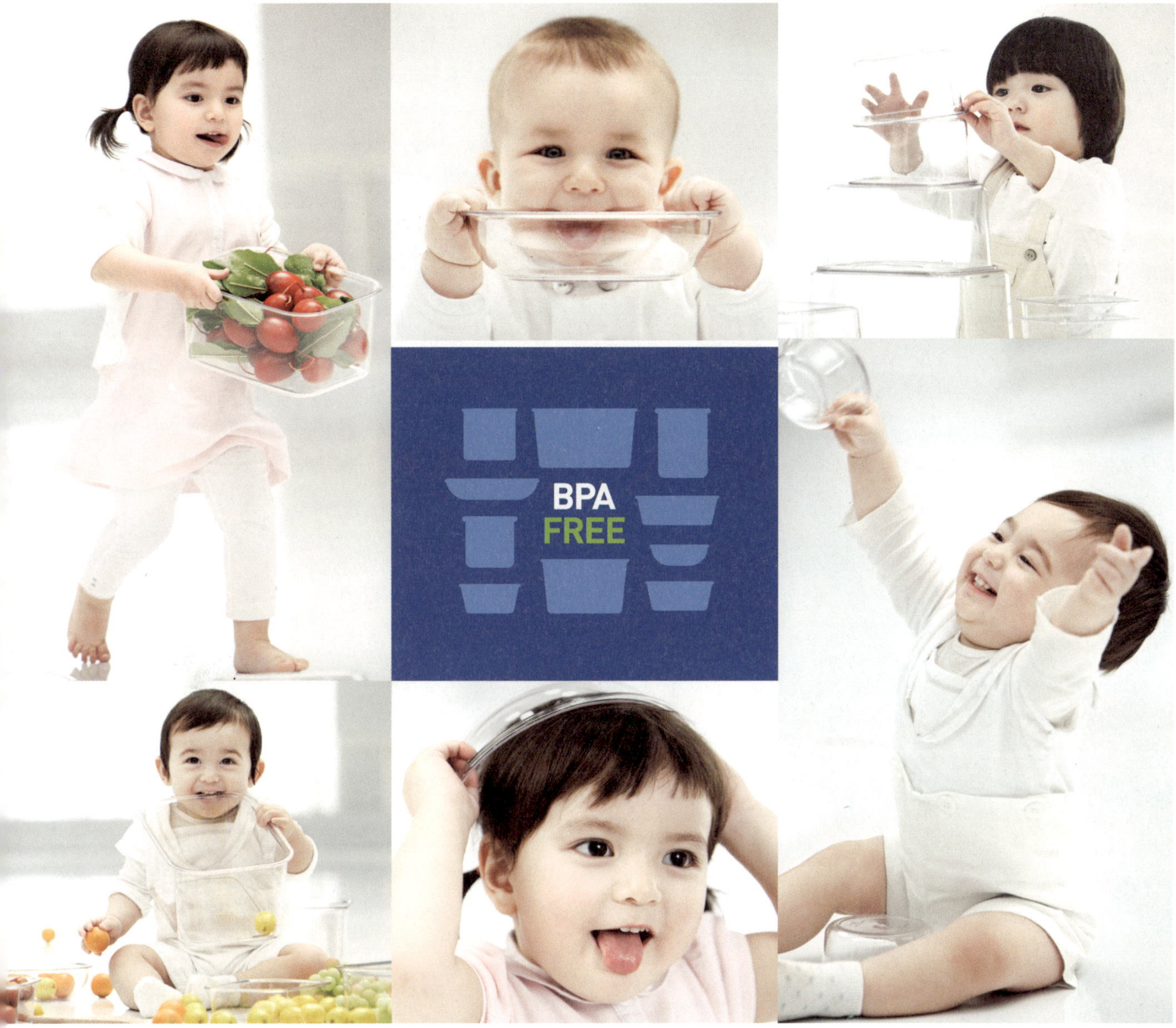

락앤락보다 잘 팔리는
락앤락 비스프리

락앤락 비스프리 최단 기간 100억 매출 돌파.
그 이유는, 유리와 플라스틱의 장점만을 모았기 때문에.
[환경호르몬 추정물질인 BPA가 없는 신소재] 이기 때문에.

환경호르몬 추정물질인 BPA프리,
락앤락 비스프리

www.locknlock.com

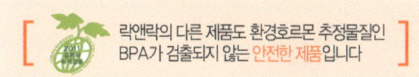

락앤락의 다른 제품도 환경호르몬 추정물질인
BPA가 검출되지 않는 안전한 제품입니다

Delicious dishes

뷰티블로거 유진상의 셀프네일

유진상의 탐나는 네일아트 1 & 2

뷰티블로거 유진상의 네일아트 디자인 북. 기초 네일 케어 방법부터 사계절 네일아트, 모티브 네일아트까지 소개한다.

최유진 지음 | 228쪽, 216쪽 | 19,800원, 24,000원 | DVD 포함(2권)

'세계 라떼아트 챔피언십' 우승자!

하루나의 탐나는 라떼아트

라떼아트 초보자들을 위해 재료와 도구부터 손질 노하우는 물론 전문가의 테크닉까지 알차게 담아 구성했다.

무라야마 하루나 감수 | 116쪽 | 18,500원 | DVD 포함

딸기쇼트케이크와 롤케이크&버터스펀지, 시폰케이크&비스퀴

탐나는 케이크 1 & 2

일본의 케이크 명장인 고지마 루미의 케이크 책. 케이크의 기본에서 응용까지의 정석을 제대로 담았다.

고지마 루미 지음 | 140쪽, 124쪽 | 20,500원 | DVD 포함

파티의 여왕

변정수의 탐나는 하우스 파티

할로윈, 크리스마스, 생일 등 매년 5회 이상의 크고 작은 하우스파티를 여는 변정수. 그간 쌓은 파티 노하우를 한 권에 담았다.

변정수 지음 | 240쪽 | 23,800원 | DVD 포함

요리하는 한의사의 오장 해독 주스와 약차 56가지

신동진의 탐나는 해독 주스

밥상닥터 신동진의 오장 해독 주스와 약차 56가지. 책에 있는 레시피대로 각 장기 해독에 맞는 주스를 만들어보자.

신동진 지음 | 212쪽 | 23,800원 | DVD 포함

홈메이드 믹싱 칵테일 76가지

탐나는 칵테일

76가지 홈메이드 칵테일 레시피. 다이닝바를 운영해 온 두 명의 저자가 요리보다 쉬운 칵테일을 선별해 소개한다.

박주화·김기용 지음 | 192쪽 | 22,000원 | DVD 포함

자연주의 셰프 샘킴의 홈메이드 브런치 레시피

샘킴의 맛있는 브런치

자연주의 셰프 샘킴의 홈메이드 브런치 레시피. 대한민국 스타 셰프인 그가 소개하는 건강한 브런치를 엄선해 담았다.

샘킴 지음 | 228쪽 | 19,800원

집밥 고민이 없어지는 밑반찬, 국·찌개, 계절 메뉴 92가지

김민지의 탐나는 집반찬

사계절 반찬, 임금님 수랏상에 오른 궁중 반찬, 두고두고 먹는 저장 반찬 등 초보자도 쉽게 따라 할 수 있는 레시피를 담았다.

김민지 지음 | 244쪽 | 25,000원 | DVD 포함

실용적인 수납 가구, 친환경 아이 장난감

유독스토리의 탐나는 셀프 인테리어

파워블로거 유독스토리표 셀프 인테리어 & 수제 가구 만들기 38가지. 초보자도 작은 집, 전셋집 인테리어를 할 수 있도록 쉽고 친절히 쓰였다.

하유라 지음 | 316쪽 | 26,000원 | DVD 포함

버터크림 플라워 & 앙금 플라워의 모든 것

탐나는 플라워케이크

국내 최초 플라워케이크협회 대표가 알려주는 버터크림 플라워, 앙금 플라워, 생화 케이크 만드는 법을 공개했다.

이효주 지음 | 232쪽 | 23,800원 | DVD 포함

자연주의 셰프 샘킴의 첫 번째 아이밥 요리책

샘킴의 맛있는 아이밥

자연주의 셰프이자 한 아이의 아빠인 샘킴이 준비한 유아식 레시피. 편식하는 아이, 잘 안 먹는 아이를 위해 특별한 요리를 담았다.

샘킴 지음 | 232쪽 | 19,800원

다양한 쿠키 디자인의 완결판

C.bonbon의 탐나는 아이싱 쿠키

일본의 최고 인기 쿠키 클래스 수업을 그대로 담은 책. 저자만의 쿠키 디자인과 데커레이션 테크닉을 하나부터 열까지 설명한다.

치아코 이쿠시마 저 | 144쪽 | 18,500원

탐나는 술안주 : 간단 안주의 황홀한 유혹

30분이면 셰프의 솜씨가 뚝딱, 술이 맛있어지는 깡지의 비밀 레시피

초판 1쇄 발행 2014년 6월 18일
개정판 2쇄 발행 2019년 1월 21일

지은이 강지수
펴낸이 이범상
펴낸곳 ㈜비전비엔피·이덴슬리벨

기획편집 이경원 심은정 유지현 김승희 조은아
디자인 김은주 이상재
사진 김영기
영상 어바웃더컷 남궁일
마케팅 한상철 이성호 최은석
전자책 김성화 김희정 김다혜 이병준
관리 이다정
그릇협찬 세라믹플로우(www.ceramicflow.com) | 도예가 김영환(서울 종로구 계동 127-2)

주소 우)04034 서울시 마포구 잔다리로7길 12 (서교동)
전화 02)338-2411 **팩스** 02)338-2413
홈페이지 www.visionbp.co.kr
이메일 visioncorea@naver.com
원고투고 editor@visionbp.co.kr
인스타그램 www.instagram.com/visioncorea
포스트 post.naver.com/visioncorea

등록번호 제2009-000096호

ISBN 979-11-88053-25-4 13590

· 값은 뒤표지에 있습니다.
· 파본이나 잘못된 책은 구입처에서 교환해 드립니다.

이 도서의 국립중앙도서관 출판시도서목록(CIP)은 서지정보유통지원시스템 홈페이지(http://seoji.nl.go.kr)와 국가자료공동목록시스템(http://www.nl.go.kr/kolisnet)에서 이용하실 수 있습니다.(CIP제어번호: 2018011979)